"十四五"职业教育国家规划教材

江苏省"十四五"职业教育规划教材
高等职业院校信息技术基础系列教材

计算机应用情境教学

基础教程拓展实训

（Windows 7+
Office 2016）

U0160340

Computer Application
Basic Tutorial of Situational Teaching

王竝 ┃ 主编

陈园园 王瑾 杨小英 ┃ 副主编

人民邮电出版社
北京

图书在版编目（CIP）数据

计算机应用情境教学基础教程拓展实训：Windows 7+Office 2016 / 王竝主编. -- 北京 ： 人民邮电出版社，2021.8

高等职业院校信息技术基础系列教材

ISBN 978-7-115-56378-1

Ⅰ. ①计… Ⅱ. ①王… Ⅲ. ①Windows操作系统－高等职业教育－教材②办公自动化－应用软件－高等职业教育－教材 Ⅳ. ①TP316.7②TP317.1

中国版本图书馆CIP数据核字(2021)第066365号

内 容 提 要

本书是《计算机应用情境教学基础教程（Windows 7+Office 2016）（微课版）》的拓展实训教材，以 Windows 7 操作系统下的 Microsoft Office 2016 为平台，将主教材中的知识要点汇集成 19 个基本练习和 11 个拓展练习，旨在帮助读者掌握基本操作内容，提高综合应用水平。拓展练习中给出了具体的操作步骤，便于读者自学与提高。

本书既可作为高等职业院校"计算机应用基础"课程的辅导教材，也可以作为各类计算机应用基础的培训教材或计算机初学者的自学用书。

◆ 主　编　王　竝

副主编　陈园园　王　瑾　杨小英

责任编辑　郭　雯

责任印制　王　郁　彭志环

◆ 人民邮电出版社出版发行　　北京市丰台区成寿寺路 11 号

邮编　100164　电子邮件　315@ptpress.com.cn

网址　https://www.ptpress.com.cn

北京天宇星印刷厂印刷

◆ 开本：787×1092　1/16

印张：6　　　　　　　2021 年 8 月第 1 版

字数：125 千字　　　　2025 年 1 月北京第 11 次印刷

定价：29.80 元

读者服务热线：**(010)81055256**　印装质量热线：**(010)81055316**

反盗版热线：**(010)81055315**

广告经营许可证：京东市监广登字 20170147 号

前　言

为了帮助读者更好地掌握计算机应用基础知识，提高综合应用水平，编者在主教材——《计算机应用情境教学基础教程（Windows 7+Office 2016）（微课版）》的基础上，编写了本书。

接下来，让小 C 带领大家走进实训的天地。本书将主教材中的知识要点汇集成 19 个基本练习和 11 个拓展练习。在基本练习中，只列出了相关的要求，在学习期间，大家如果能很好地领会学习的要点，就可以打开本书，按照上面的目标独立完成相关的操作步骤；在拓展练习中，给出了详细的操作步骤，旨在帮助大家在学有余力的时候进一步提高计算机的应用能力。

要学好计算机应用基础，就要加强动手能力的培养。希望大家在实训的时候，认真记录好每一点进步，小 C 将为你加油鼓劲。

本书中有一个常用图标，即

操作步骤——分步骤详细描述具体操作。

本书由苏州工业职业技术学院王竑担任主编，陈园园、王瑾、杨小英担任副主编。参与编写的还有蒋霞、李良、吴咏涛、吴阅帆和来自某企业的张兵，欢迎大家对书中存在的不足提出宝贵意见。

最后，祝大家在实训过程中享受到所学成果带来的快乐！

编　者
2021 年 6 月

目　　录

书面作业：主题论述
——基本练习

要求：从以下主题中选其一进行论述

1. 浅谈计算机的发展史。

2. 浅谈计算机的特点及应用。

3. 浅谈计算机网络的发展。

不要拘泥于书本，可利用网络查找与主题相关的资料，全文字数在 300 字以上，要有自己的见解，并且字迹端正。

友情贴士：在桌面上双击 IE 浏览器，在地址栏中输入网址 www.baidu.com，在页面的搜索栏中输入关键字，如"计算机的发展史"。

浅谈＿＿＿＿＿＿＿＿＿＿

计算机应用情境教学基础教程拓展实训（Windows 7+Office 2016）

得分点：

评价标准	能正确搜索到相关内容，主题明确	有自己的见解，字迹端正	字数
评分	6分	2分	2分
总分			

书面作业：进制转换
——基本练习

要求：完成以下进制转换，并给出具体的计算过程。

1. $(1011001)_2 = ($ \qquad $)_{10}$

2. $(96)_{10} = ($ \qquad $)_2$

3. $(142)_8 = ($ \qquad $)_{16}$

4. $(ABC)_{16} = ($ \qquad $)_{10}$

5. $(2016)_{10} = ($ \qquad $)_8$

得分点：

要求	1	2	3	4	5
评分	2分	2分	2分	2分	2分
总分					

PART 3

Windows 基本操作——基本练习

练习1

1. 窗口操作。

（1）打开"此电脑"窗口，熟悉窗口中的各组成部分。

（2）练习"最小化""最大化"和"还原"按钮的使用。将"此电脑"窗口设置成最小化窗口和同时含有水平、垂直滚动条的窗口。

（3）练习功能区的显示/取消功能，熟悉快速访问工具栏中各图标按钮的名称。

（4）观察窗口控制菜单，然后取消该菜单。

（5）打开"图片""文档"窗口。

（6）用两种方式将"图片"窗口和"文档"窗口切换成当前窗口。

（7）将上述3个窗口分别以层叠、横向平铺、纵向平铺的方式排列。

（8）移动"图片"窗口到屏幕中间。

（9）以3种不同的方法关闭上述3个窗口。

（10）单击"开始"按钮，选择"所有应用"→"Windows 系统"→"文件资源管理器"选项，练习滚动条的几种使用方法。

2. 菜单操作。

在"查看"菜单中，练习多选项和单选项的使用，并观察窗口变化。

3. 对话框操作。

（1）选择"查看"菜单中的"选项"选项，弹出"文件夹选项"对话框，分别观察其中"常规"和"查看"两个选项卡的内容，关闭该对话框并关闭"文件资源管理器"。

（2）选择"计算机"菜单中的"打开设置"选项，打开"设置"窗口，选择"设备"→"鼠标"选项，练习相关属性设置。

4. 任务栏操作

将"Windows 附件"菜单中的"计算器"程序锁定到任务栏中。

（1）选择"开始"→"所有应用"→"Windows 附件"→"记事本"选项，按顺序输入 26 个英文字母，再选择"文件"菜单中的"另存为"选项，弹出"另存为"对话框后，在"保存在"列表框中选择"桌面"选项，在"文件名"文本框中输入"LX1.txt"，单击"保存"按钮并关闭所有窗口。

（2）使用打字软件进行英文打字练习。

PART 4

控制面板——基本练习

练习1

（1）查看并设置日期和时间。

（2）查看并设置鼠标属性。

（3）将计算机桌面墙纸设置为"Windows"，将屏幕保护程序设置为"3D 文字"，将文字设置为"计算机应用基础"，字体设为"微软雅黑"，并将旋转类型设置为"摇摆式"。

（4）安装打印机"HP DJ 4670 series"，并将其设置为默认打印机，在计算机桌面上创建该打印机的快捷方式，将其命名为"惠普打印"。

练习2

（1）添加/删除输入法。

（2）用 Windows 的记事本在计算机桌面上建立"打字练习.txt"，在该文件中正确输入以下文字信息（英文字母和数字采用半角，其他符号采用全角，空格采用全角、半角均可）。

在人口密集的地区，很多用户可能共用同一无线信道，因此数据流量会低于其他种类的宽带无线服务。它实际的数据流量为 500kbit/s～1Mbit/s，这对中小客户来说已经比较理想了。虽然使用这项服务的方法非常简单，但是网络管理员必须做到对许多因素，如服务的可用性、网络性能和 QoS 等心中有数。

打字速度记录：

日期	类别（英文/中文）	速度（字母、字/分钟）	正确率（%）

文件——基本练习

8

计算机应用情境教学基础教程拓展实训（Windows 7+Office 2016）

练习

（1）在桌面上创建文件夹"fileset"，在"fileset"文件夹中新建文件"a.txt""b.docx""c.bmp""d.xlsx"，并设置"a.txt"和"b.docx"文件属性为隐藏，设置"c.bmp"和"d.xlsx"文件属性为只读，将扩展名为".txt"文件的扩展名改为".html"。

（2）将桌面上的文件夹"fileset"重命名为"fileseta"，并删除其中所有只读属性的文件。

（3）在桌面上新建文件夹"filesetb"，并将文件夹"fileseta"中所有隐藏属性的文件复制到新建的文件夹"filesetb"中。

（4）查找文件"calc.exe"，并将它复制到桌面上。

（5）在 C 盘中查找文件夹"Fonts"，将该文件夹中的文件"华文细黑.ttf"复制到文件夹"C:\Windows"中。

（6）将 C 盘卷标设为"系统盘"。

软硬件——基本练习

练习1

（1）在任务栏中创建一个快捷方式，指向"C:\Program Files\Windows NT\Accessories\wordpad.exe"，将其命名为"写字板"。

（2）在"下载"文件夹中创建一个快捷方式，指向"C:\Program Files\Common Files\Microsoft Shared\MSInfo\Msinfo32.exe"，将其命名为"系统信息"。

（3）在桌面上创建一个快捷方式，指向"C:\Windows\regedit.exe"，将其命名为"注册表"。

练习2

（1）将 C 盘卷标设为"Test02"。

（2）用磁盘碎片整理和优化程序分析 C 盘是否需要整理，如果需要，请进行整理。

练习3

（1）用记事本创建名为"个人信息"的文档，其内容为自己的班级、学号、姓名，并设置字体格式为楷体、三号。

（2）利用计算器计算以下内容。

$(1011001)_2 = ($ 　　　　$)_{10}$

$(1001001)_2 + (7526)_8 + (2342)_{10} + (ABC18)_{16} = ($ 　　　　$)_{10}$

$\sin 60° =$

$12^{12} =$

（3）使用画图软件，绘制主题为"向日葵"的图像。

（4）打开科学型计算器，将该程序窗口作为图片保存到桌面上，文件名为"科学型计算器.bmp"。

PART 7

科技小论文编辑
——基本练习

计算机应用情境教学基础教程拓展实训（Windows 7+Office 2016）

项目要求

1. 新建文件，将其命名为"科技小论文（作者小 C）.docx"，并保存到计算机桌面上。

2. 将新文件的上、下、左、右页边距均设置为 2.5 厘米，将"3.1 要求与素材.docx"中除题目要求外的其他文本复制到新文件中。

3. 插入标题"浅谈 CODE RED 蠕虫病毒"，将标题中的中、英文分别设置为"黑体和 Arial，二号，居中，字符间距加宽、磅值为 1 磅"，在标题下方插入系部、班级及作者姓名，并将这部分文字设置为"宋体，小五号，居中"。

4. 设置"摘要"及"关键词"所在的段落为"宋体，小五号，左、右各缩进 2 字符"，并给这两个词加上括号，效果为【摘要】。

5. 调整正文顺序，将正文"1.核心功能模块"中的（2）与（1）部分的内容调换。

6. 将正文中第 1、2 段中所有的"WORM"替换为"蠕虫"，并将所有的"蠕虫"加红色（标准色）任意下画线和着重号。

7. 设置正文为"宋体和 Times New Roman，小四号，1.5 倍行距，首行缩进 2 字符"，正文标题部分（包括参考文献标题，共 4 个）为"加粗"，正文第一个字为"首字下沉"。

8. 将"1.核心功能模块（3）装载函数"中从">From kernel32.dll:"开始的代码到"closesocket"的格式设为"分两栏、左右加段落边框、底纹深色 5%"。选中"<MORE 4E 00>"行及其以下 12 行文本，将所选内容全部更改为大写字母。

9. 使用项目符号和编号功能自动生成参考文献中各项的编号为"[1]、[2]、[3]…"。

10. 给"1.核心功能模块"中的"（4）检查已经创建的线程"中的"WriteClient"加脚注，脚注的内容为"WriteClient 是 ISAPI Extension API 的一部分。"

11. 设置页眉部分，奇数页使用"科技论文比赛"，偶数页使用论文题目的名称；在页脚部分插入当前页码，并将页码设置为居中。

12. 保存该文件的所有设置，关闭文件并将其压缩为相同名称的 RAR 文件，使用 E-mail 将其发送至主办方联系人的电子邮箱中。

得分点：

要求	1、2	3	4	5	6	7	8	9	10	11、12
评分	1分	1分	1分	1分	1分	1分	1分	1分	1分	1分
总分										

PART 8

8

论文编辑——拓展练习

项目要求

1. 新建文件，将其命名为"论文编辑练习（小 C）.docx"，并保存到 C 盘根目录中。

2. 复制此文档除题目要求外的文本，使用选择性粘贴，以"无格式文本"的形式将其粘贴到新文件中。

3. 设置标题格式为"黑体，二号，居中，字符间距紧缩、磅值为 1 磅"，设置作者姓名格式为"宋体，小五号，居中"。

4. 设置摘要和关键词所在的两个段落，左、右各缩进 2 字符，并将"摘要:"和"关键词:"设置为"加粗"。

5. 将标题段的段前间距设为"1 行"。

6. 设置正文为"宋体，小四号，行距为固定值 20 磅，首行缩进 2 字符"，正文标题部分（包括参考文献标题，共 8 个）为"无缩进，黑体，小四号"，正文第一个字为"首字下沉，字体为华文新魏，下沉行数为 2"。

7. 将正文中的所有"杨梅"替换为橙色加粗的"草莓"（提示：共 8 处）。

8. 给"二、实践原理"中的"水分"加脚注为"水：H_2O"。

9. 在标题"草莓的无土栽培"后插入尾注，内容为"此论文的内容来源于互联网"。

10. 给"六、观察记录情况"中的 4 个段落添加项目符号"✔"，并设置为"无缩进"。

11. 给整篇文档插入页码，并设置为"页面底端，居中"。

12. 保存所有设置，关闭文档，上交电子文件。

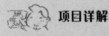 **项目详解**

项目要求 1：新建文件，将其命名为"论文编辑练习（小 C）.docx"，并保存到 C 盘根目录中。

 **操作步骤**

【步骤 1】启动 Word 2016，窗口中会自动建立一个新的空白文件。

【步骤2】单击窗口左上角的"🖫（保存）"按钮，或者单击"文件"选项卡中的"保存"按钮（注意：新文件第一次保存时，会弹出"另存为"对话框）。

在该对话框中设置保存路径为"计算机–本地磁盘（C:）"，文件名和保存类型为"论文编辑练习（小C）.docx"，单击"保存"按钮。

项目要求 2：复制此文档除题目要求外的文本，使用选择性粘贴，以"无格式文本"的形式将其粘贴到新文件中。

操作步骤

【步骤1】打开"3.1 拓展练习–要求与素材.docx"文件，使用选中大量文本的方法，按照要求选中指定文本。

【步骤2】将鼠标指针移至反显的选定文本上并单击鼠标右键，在弹出的快捷菜单中选择"复制"选项。

【步骤3】在"论文编辑练习（小C）.docx"文件中的光标闪烁处单击鼠标右键，在弹出的快捷菜单中选择"粘贴选项"→"只保留文本"选项，如下图所示。

项目要求 3：设置标题格式为"黑体，二号，居中，字符间距紧缩、磅值为 1 磅"，设置作者姓名格式为"宋体，小五号，居中"。

操作步骤

【步骤1】按住鼠标左键并拖曳鼠标选中第一行的标题文本。

【步骤2】利用"开始"选项卡中的字体、字号、居中按钮进行相应的设置（黑体、二号、居中），如下图所示。

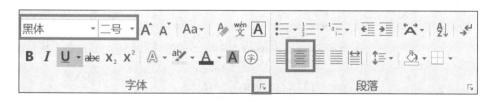

【步骤3】单击"字体"选项组中的"🖳（对话框启动器）"按钮，弹出"字体"对话框，在"高级"选项卡中，将间距设置为"紧缩"，磅值为"1 磅"，单击"确定"按钮，如下图所示。

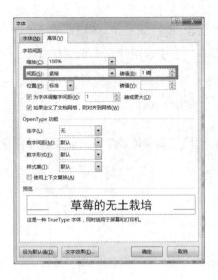

【步骤4】用鼠标左键选中第二行的作者姓名，利用"开始"选项卡中的字体、字号、居中按钮进行相应的设置（宋体、小五号、居中）。

项目要求4：设置摘要和关键词所在的两个段落，左、右各缩进2字符，并将"摘要："和"关键词："设置为"加粗"。

操作步骤

【步骤1】按住鼠标左键并拖曳选中"摘要"和"关键词"所在的两个段落，单击"段落"选项组中的"（对话框启动器）"按钮，弹出"段落"对话框，在"缩进和间距"选项卡中，设置左、右缩进"2字符"，单击"确定"按钮，如下图所示。

【步骤2】利用鼠标左键选中"摘要:",在按住<Ctrl>键不放的同时,用鼠标选中"关键词:",单击"字体"选项组中的"**B**"按钮使文字加粗。

> **项目要求5:将标题段的段前间距设为"1行"。**

操作步骤

【步骤】利用鼠标左键选中标题段,单击"段落"选项组中的"🔲(对话框启动器)"按钮,弹出"段落"对话框,在"缩进和间距"选项卡中,设置间距为段前"1行",单击"确定"按钮,如下图所示。

> **项目要求6:设置正文为"宋体,小四号,行距为固定值20磅,首行缩进2字符",正文标题部分(包括参考文献标题,共8个)为"无缩进,黑体,小四号",正文第一个字为"首字下沉,字体为华文新魏,下沉行数为2"。**

操作步骤

【步骤1】使用选中大量文本的方法,选中"关键词"下面的正文部分,利用"开始"选项卡中的字体、字号按钮设置正文为"宋体,小四号"。

【步骤2】单击"段落"选项组中的"🔲(对话框启动器)"按钮,弹出"段落"对话框,在"缩进和间距"选项卡中,设置行距为"固定值",设置值为"20磅",在"特殊格式"下拉列表中选择"首行缩进"选项,设置缩进值为"2字符",单击"确定"按钮,如下图所示。

【**步骤3**】按住鼠标左键并拖曳鼠标选中第一个标题行，按住<Ctrl>键不放，用鼠标左键分别选中正文的其他标题部分（包括参考文献标题，共8个），同上，弹出"段落"对话框，在"特殊格式"下拉列表中选择"无"选项，单击"确定"按钮，再利用"开始"选项卡中的字体、字号按钮设置正文标题部分为"黑体，小四号"。

【**步骤4**】将光标定位在正文第一段，单击"插入"选项卡中的"首字下沉"下拉按钮，在弹出的下拉列表中选择"首字下沉选项"选项，在"首字下沉"对话框中选择"下沉"选项，设置字体和下沉行数（华文新魏和2行），如下图所示。

项目要求7：将正文中的所有"杨梅"替换为橙色加粗的"草莓"（提示：共8处）。

操作步骤

【步骤】将光标定位在"关键词"段落的下一行，在"开始"选项卡中单击"替换"按钮，在弹出的"查找和替换"对话框中，先单击"更多"按钮扩展对话框，在"查找内容"文本框中输入"杨梅"，在"替换为"文本框中输入"草莓"，选中"草莓"两字，单击左下角的"格式"按钮，在列表框中选择"字体"选项，弹出"字体"对话框，设置字体颜色为"标准色，橙色"，字形为加粗，单击"确定"按钮，再单击"全部替换"按钮，弹出提示信息后单击"确定"按钮，关闭"查找和替换"对话框，如下图所示。

项目要求 8：给"二、实践原理"中的"水分"加脚注为"水：H_2O"。

操作步骤

【步骤】将光标定位在"二、实践原理"中的"水分"两字之后，在"引用"选项卡中单击"插入脚注"按钮，此时光标跳到页面底端，输入"水：H2O"，用鼠标选中数字"2"，在"开始"选项卡中单击"$\mathbf{x_2}$"按钮，将数字 2 设置为下标。

项目要求 9：在标题"草莓的无土栽培"后插入尾注，内容为"此论文的内容来源于互联网"。

操作步骤

【步骤】将光标定位在标题文字之后，在"引用"选项卡中单击"插入尾注"按钮，此时光标跳到全文的末尾，输入"此论文的内容来源于互联网"即可。

项目要求 10：给"六、观察记录情况"中的 4 个段落添加项目符号"✓"，并设置为"无缩进"。

操作步骤

【步骤】按住鼠标左键并拖曳选中"六、观察记录情况"中的 4 个段落，在"开始"选项卡中单击"≡·（项目符号）"下拉按钮，选择"✓"选项，再单击"◀≡（减少缩进量）"按钮，将其设置为"无缩进"。

项目要求 11：给整篇文档插入页码，并设置为"页面底端，居中"。

操作步骤

【步骤】将光标定位在第一页，单击"插入"选项卡中的"页码"按钮，选择"页面底端"→"普通数字 1"选项，单击"页眉和页脚工具–设计"选项卡中的"插入对齐方式"按钮，弹出"对齐制表位"对话框选中"居中"单选按钮，并单击"确定"按钮，如下图所示，最后关闭"页眉和页脚工具–设计"选项卡。

项目要求 12：保存所有设置，关闭文档，上交电子文件。

操作步骤

【步骤】单击"🖫（保存）"按钮，单击窗口右上角的"关闭"按钮关闭文档，按要求上交电子文件。

课程表和统计表——基本练习

课程表项目要求

1. 新建 Word 文档，将其保存为"课程表.docx"。

2. 在该文档中插入表格，并设置下图所示的效果（课程名称设置为深蓝、加粗；第一行与第二行的分隔线设置为双线；外框线设置为 1.5 磅粗实线；部分内框线设置为虚线；绘制斜线表头；设置"上午、下午、晚上"的文字方向为竖直）。

星期\\时间	一	二	三	四	五	备注
上午 1 2	高等数学	大学英语	计算机	高等数学	机械基础	8:10-9:50
上午 3 4	机械基础	哲学	机械基础		大学英语	10:10-11:50
下午 5 6	计算机	体育	大学英语			13:20-15:00
下午 7		自修	自修			15:10-15:55
晚上 8 9	英语听力			CAD		18:30-20:00

3. 设置页面颜色为"橙色，个性色 2，淡色 40%"，设置页面边框为"自定义，艺术型"。

统计表项目要求

4. 删除无分数班级所在的行，统计出 4 月份每个班级常规检查的总分。

5. 在表格末尾新增一行，在新行中将第 1、2 列的单元格合并，输入文字"总分最高"，在第 3 个单元格中计算出最高分；将第 4、5 列单元格合并，输入文字"总分平均"，在第 6 个单元格中计算出平均分（平均值保留一位小数）。

6. 将表格（除最后一行）排序，第一关键字为"第 10 周"，降序排列；第二关键字为"总分"，降序排列。

7. 为页面添加文字为"常规检查"，颜色为"金色，个性色 4，深色 25%"，版式为"斜式"的水印。

得分点：

要求	1	2	3	4	5	6	7
评分	1分	1分	2分	2分	2分	1分	1分
总分							

个人简历制作——拓展练习

项目要求

参照主教材所示的个人简历示例，结合自身实际情况，完成本人简历的制作。

个 人 简 历

求职意向： **IT 助理工程师（兼职）**

姓　名	小C	性　别	男	出生年月	1998/12	
文化程度	大专	政治面貌	团员	健康状况	健康	
毕业院校	苏州工业职业技术学院	专　业		计算机应用技术		
联系电话	13013893588	电子邮件		littlecc@163.com		
通信地址	苏州吴中大道国际教育园致能大道 1 号		邮政编码		215104	
技能特长	程序编写和网站设计					

学历进修		时　间	学校名称	学历	专业
		2011/9 - 2014/6	苏州新区实验中学	初中	
		2014/9 - 2017/6	苏州高级工业学校	高中	
		2017/9 - 现在	苏州工业职业技术学院	大专	计算机应用技术
	主修课程	C 语言程序设计、网页设计、计算机网络基础、动态网页设计、数据结构、关系数据库、C #.NET、Windows Server 配置与管理、 Java 程序设计、交换机路由器配置			

实践与实习	英语水平	全国四级	计算机水平	全国二级	
	时　间	单　位	职　位	评语	
	2017/7 - 2017/8	苏州明翰电脑	计算机组装	良好	
	2018/7 - 2018/8	苏州理想设计中心	网页制作	良好	
	2019/9 - 2019/12	苏州工业职业技术学院	机房管理	优秀	

专业证书	名　称	主办单位	获取时间
	计算机一级	全国计算机等级考试中心	2017/12
	英语四级	全国英语等级考试中心	2018/6

获奖情况	荣誉称号	主办单位	获奖等级
	程序设计竞赛	苏州工业职业技术学院	一等奖
	院三好学生	苏州工业职业技术学院	
	院优秀学生干部	苏州工业职业技术学院	

个性特点 (包括个性、工作态度、 自我评价)	**个性：** 性格开朗，为人随和，善于与人交往。 **工作态度：** 对于工作总有充沛的精力，同时有探究精神，对自己的工作总想把它做得 最完美。 **自我评价：** 做事认真负责，具有较强的责任心。

总体要求： 使用表格工具来布局表格，个人信息要真实可靠，实际条目及格式可自行设计。 具体制作要求如下表所示。

序号	具体制作要求
1	新建 Word 文档 "个人简历.docx"，进行页面设置，处理标题文字
2	创建表格并调整表格的行高至合适大小
3	使用拆分、合并单元格操作完成表格编辑
4	表格中内容完整，格式恰当
5	改变相应单元格的文字方向
6	设置单元格内文本的水平和垂直对齐方式
7	设置表格在页面中无论水平还是垂直都为居中
8	为整张表格设置内、外框线
9	完成简历表中图片的插入与格式设置

 项目详解

项目要求：结合自身实际情况，完成本人简历的制作。

操作步骤

【步骤 1】启动 Word 2016，窗口中会自动建立一个新的空白文件。

【步骤 2】单击窗口左上角的 "🖫（保存）" 按钮，或者单击 "文件" 选项卡中的 "保存" 按钮（注意：新文件第一次保存时，会弹出 "另存为" 对话框），在该对话框中设置保存路径为 "计算机-本地磁盘（C：）"，文件名和保存类型为 "个人简历（小 C）.docx"，单击 "保存" 按钮。

【步骤 3】单击 "页面布局" 选项卡的 "页面设置" 选项组中的 "页边距" 下拉按钮，选择 "适中" 选项。

【步骤 4】输入标题 "个人简历"，设置字体（宋体）、字号（四号）及居中。

【步骤 5】另起一行，输入 "**求职意向：IT 助理工程师（兼职）**"，设置字体（黑体）、字号（小四号），其中 "IT 助理工程师（兼职）" 是先输入文字后选中，单击 "u·" 按钮为文字添加下画线。（注意：在编辑下面的表格前再单击一次该按钮取消下画线。）

【步骤 6】单击 "插入" 选项卡的 "表格" 选项组中的 "表格" 下拉按钮，选择 "插入表格" 选项，在弹出的 "插入表格" 对话框中设置列数为 1 列，行数为 24 行。

【步骤 7】单击 "表格工具-布局" 选项卡中的 "绘制表格" 按钮，参照样图绘制表格中的竖线。

【步骤 8】单击 "表格工具-布局" 选项卡中的 "橡皮擦" 按钮，参照样图擦除多余的线条。

【步骤 9】当鼠标指针移到横线或竖线上变为双箭头时，按住鼠标左键并拖曳，调整行高或列宽至合适大小。

【步骤 10】在表格中输入文字。

【步骤 11】选中"学历进修""主修课程""实践与实习""专业证书""获奖情况"等单元格并单击鼠标右键,在弹出的快捷菜单中选择"文字方向"选项,设置文字方向为垂直。

【步骤 12】选中文字需要加粗的单元格,单击"**B**"按钮将文字加粗。

【步骤 13】将鼠标指针移到表格左上角的四方箭头处并单击,选中整张表格,在反显区域单击鼠标右键,在弹出的快捷菜单中选择"单元格对齐方式"→"水平居中"选项。

【步骤 14】将鼠标指针移到表格左上角的四方箭头处并单击,选中整张表格,利用"表格工具-设计"选项卡中的"田·"按钮设置表格内、外框线。

【步骤 15】将光标定位在表格右上角放置照片的单元格内,单击"插入"选项卡的"插图"选项组中的"图片"下拉按钮,在弹出的下拉列表中选择"来自文件的图片"选项,在弹出的"插入图片"对话框中选择图片文件后即可插入。

【步骤 16】单击"■(保存)"按钮,再单击窗口右上角的"关闭"按钮关闭文档,按要求上交电子文件。

PART 11

11

小报制作——基本练习

项目要求

1. 新建 Word 2016 文档，将其保存为"城市生活.docx"。

2. 设置页面纸张为 16 开，上、下页边距为 1.9 厘米，左、右页边距为 2.2 厘米。

3. 参考主教材中的效果图，在页面左边插入矩形图形，图形格式为"填充色：酸橙色（红色为 153；绿色为 204；蓝色为 0）""边框：无"。

4. 参照主教材中的效果图，在页面左侧插入矩形图形，并添加相应文本（在第一行末插入五角星），设置矩形格式为"填充色：白色、背景 1、深色 50%""边框：无"，设置文本格式为"Verdana、小四号、白色、左对齐、行距为固定值 14 磅"（五角星为橙色）。

5. 插入两张图片，分别为"室内.png"和"室外.png"，设置环绕方式为"四周型"，大小及位置设置可参照主教材中的效果图。

6. 参照主教材中的效果图，在页面右上角插入文本框，添加相应文本，设置主标题"MARUBIRU"的格式为"Arial、小初、加粗、阴影（其中'MARU'为深红色）"，副标题"玩之外的设计丸之内"的格式为"华文新魏、小三号"，正文格式为"宋体、10 磅、首行缩进 2 字符"），文本框格式为"填充色：无""边框：无"。

7. 参考主教材中的效果图，在页面左上角插入艺术字，在艺术字样式中选择第 1 行第 3 列的艺术字，内容为"给我"，格式为"华文新魏、48 磅、深红、垂直"。

8. 参考主教材中的效果图，在艺术字"给我"的左边插入竖排文本框，内容参照主教材中的效果图添加，中文格式为"宋体"，英文格式为"Verdana、白色"，文本框格式为"填充色：无""边框：无"。

9. 参照主教材中的效果图，在艺术字"给我"的下方插入文本框，内容参照主教材中的效果图添加，文本格式为"Comic Sans MS，30，行距为固定值 35 磅"，文本框格式为"填充色：无""边框：无"。

10. 参照主教材中的效果图，插入圆角矩形，在其中添加文本"MO2"，设置文本格式为"Verdana、五号"，文本框格式为"填充色：深红""边框：无"，左、右、上、下文本框/内部边距为 0 厘米。

11. 参照主教材中的效果图，在页面左下角插入竖排文本框，内容参照主教材中的效果图添加，文本格式为"宋体、小五号，字符间距为加宽 1 磅，首行缩进 2 字符"，文本框格式为"填充色：无""边框：无"。

12. 选中所有对象进行组合，根据主教材中的效果图将其调整至合适的位置。

得分点：

要求	1、2	3	4	5	6	7	8	9	10	11、12
评分	1分	1分	1分	1分	1分	1分	1分	1分	1分	1分
总分										

信息简报制作——拓展练习

项目要求

参照下图所示的信息简报的效果图，完成信息简报的制作。

总体要求：纸张为 A3，页数为 1 页；根据提供的图片、文字、表格等素材，参照具体制作要求完成简报制作；内容必须使用提供的素材，可适当在网上搜索素材进行补充；完成的版式及效果可自行设计，也可参照给出的效果图完成。具体制作要求如下表所示。

序号	具体制作要求
1	主题为"创建文明城市"
2	必须要有图片、文字、表格三大元素
3	包含报刊各要素（刊头、主办、日期、编辑等）
4	必须使用艺术字、文本框（链接）、自选图形、边框和底纹
5	素材需经过加工，有一定原创部分
6	要求色彩协调，标题醒目、突出，同级标题格式相对统一
7	版面设计合理，风格协调
8	文字内容通顺，无错别字和繁体字
9	图文并茂，文字字距、行距适中，文字清晰易读
10	装饰的图案与花纹要结合简报的性质和内容

 **项目详解**

项目要求：根据提供的图片、文字、表格等素材，完成信息简报的制作。

操作步骤

【步骤 1】启动 Word 2016，窗口中会自动建立一个新的空白文件。

【步骤 2】单击窗口左上角的"■（保存）"按钮，或者单击"文件"选项卡中的"保存"按钮（注意：新文件第一次保存时，会弹出"另存为"对话框），在该对话框中设置保存路径为"计算机-本地磁盘（C：）"，文件名和保存类型为"信息简报拓展练习（小 C）.docx"，单击"保存"按钮。

【步骤 3】在"页面布局"中选择"纸张大小"为 A3，"页边距"为适中。

【步骤 4】用"插入"表格（2 行 4 列）的方式制作刊头。在相应单元格内输入文字或插入图片，并作进一步编辑，最后将表格框线按要求设为"无"或"虚线"。

【步骤 5】参考效果图在刊头下方"插入"艺术字"时事政治"。参考效果图用"插入"→"形状"→"直线"绘制 3 条线段，按住<Ctrl>键选中这 3 条线段后单击鼠标右键，在弹出的快捷菜单中选择"组合"选项，将这 3 条线段组合成一个图形，将素材中的相关文字复制到该图形中，并进行格式设置。

【**步骤 6**】将素材中的"创建全国……摘自苏州日报"复制到指定位置。选中这些文字，在"页面布局"中设置"分栏"，分成 3 栏。将光标定位在第一段，在"插入"中设置"首字下沉"，下沉 3 行，并设置字体颜色为绿色，添加文字效果（阴影）。参考效果图选中相关文字，利用"**B**"按钮将这些文字加粗。

【**步骤 7**】选中最后一段的"99.2%"，利用"**A·**"和"**A**"按钮将字体颜色设置为绿色，并加边框。

【**步骤 8**】利用"插入"→"文本框"在页面左侧相应位置插入 3 个文本框，并将素材中的相关文字复制到对应的文本框内，参考效果图进行格式设置。（注意：五角星和带圈数字序号用"插入"→"符号"输入。）

【**步骤 9**】参考效果图，利用"插入"→"形状"→"直线"画好辅助线，利用"插入"→"图片"→"插入来自文件图片"的方法将各图片插入到指定位置，并调整其大小、对齐位置，利用"插入"→"文本框"→"绘制文本框"的方法，在各张图片下面添加说明。（注意：将文本框的形状轮廓设为"无轮廓"。）

【**步骤 10**】利用"插入"→"艺术字"在各张图片的左上角插入艺术字"美丽苏州"，设置文字方向为垂直。

【**步骤 11**】利用"插入"→"形状"→"直线"在"美丽苏州"左侧画 3 条直线并组合，利用"插入"→"文本框"→"绘制竖排文本框"的方法添加文本框，并在其中输入文字"苏州各区图片一览"。（注意：将竖排文本框的形状填充和形状轮廓都设为无。）

【**步骤 12**】参考效果图，在页面底端利用"插入"→"文本框"→"绘制文本框"的方法完成"文字图片来源……"的说明，并设置相应的颜色和填充色。保存并关闭文件，上交电子文件。

PART 13

长文档编辑——基本练习

项目要求

1. 将"毕业论文-初稿.docx"另存为"毕业论文-修订.docx",并将另存后的文档的上、下、左、右页边距均设为 2.5 厘米。

2. 将封面中的下画线长度设为一致。

3. 将封面底端多余的空段落删除,并使用"分页符"完成自动分页。

4. 在"内容摘要"前添加论文标题,内容为"苏州沧浪区'四季晶华'社区网站(后台管理系统)",文本格式为"宋体、四号、居中"。将"内容摘要"与"关键词:"的格式设置为"宋体、小四号、加粗"。

5. 将关键词部分的分隔号由逗号更改为中文标点状态下的分号。设置"内容摘要"所在页中所有段落的行距为"固定值、20 磅"。

6. 建立样式,对各级文本的格式进行统一设置。"内容级别"的格式为"宋体、小四号,首行缩进 2 字符,行距为固定值 20 磅,大纲级别为正文文本";以后建立的样式均以"内容级别"为基础,"第一级别"为"加粗,无首行缩进,段前和段后间距均为 0.5 行,大纲级别为 1 级";"第二级别"为"无首行缩进,大纲级别为 2 级";"第三级别"为"无首行缩进,大纲级别为 3 级";"第四级别"为"大纲级别为 4 级"。参照"毕业论文-修订.pdf"中的最终结果,将建立的样式分别应用到对应的段落中。

7. 将"三、系统需求分析(二)开发及运行环境"中的项目符号更改为"🖳"符号。

8. 删除"二、系统设计相关介绍(一)ASP.NET 技术介绍"中的"分节符(下一页)"。

9. 在封面页后(即从第 2 页开始)自动生成目录,在目录前加上标题"目录",文本格式为"宋体、四号、加粗、居中",整体目录内容格式为"宋体,小四号,行距为固定值 18 磅"。

10. 为文档添加页眉和页脚,页眉左侧为学校 Logo,右侧为文本"毕业设计说明书",在页脚中插入页码,页码居中。

11. 从论文标题开始另起一页,且从此页开始编页码,起始页码为"1"。去除封面和目录页眉和页脚中的所有内容。

12. 使用组织结构图将论文中的"图7 系统功能结构图"重新绘制，并修正原图中的错误，删除多余的"发布新闻"。

13. 修改参考文献的格式，使其符合规范。

14. 将"三、系统需求分析（二）开发及运行环境"中的英文字母全部更改为大写。

15. 对全文使用"拼写和语法"功能进行自动检查。

16. 在有疑问或内容需要修改的地方插入批注。给"二、系统设计相关介绍（一）ASP.NET技术介绍"中的"UI，简称 USL"文本插入批注，批注内容为"此处写法有逻辑错误，需要修改"。

17. 文档格式编辑完成后，更新目录页码。

18. 同时打开"毕业论文-初稿.docx"和"毕业论文-修订.docx"两个文档，使用"并排查看"功能快速浏览完成的修订。

得分点：

要求	1、2	3	4、5	6、7	8、9	10、11	12、13	14、15	16	17、18
评分	1分	1分	1分	1分	1分	1分	1分	1分	1分	1分
总分										

PART 14

14

产品说明书的制作——拓展练习

项目要求

使用提供的文字和图片资料，根据以下步骤，完成产品说明书的制作。部分页面的效果如下图所示，最终效果见"产品说明书.pdf"。

1. 页面设置，纸张大小为 A4，上、下、左、右页边距均为 2 厘米。

2. 在封面中插入图片"logo.jpg"。

3. 封面中两个标题段均设置为"左缩进 24 字符"，英文标题文本格式为"Verdana、一号"；中文标题文本格式为"黑体、一号、白色、背景 1、深色-50%、字符间距为紧缩 1 磅"。

4. 在封面中插入分页符，生成第二页。

5. 在第二页中输入"目录"，文本格式为"黑体、一号、居中"。

6. 节数的划分：封面、目录为第 1 节；正文为第 2 节，在第 2 节中设置奇偶页脚，页脚内容为线和页码数字，奇数页页脚内容右对齐，偶数页页脚内容左对齐。

7. 在正文编辑前新建样式，文本格式具体如下。

　　章：黑体、一号，左缩进 10 字符，紧缩 1 磅，大纲级别为 1。

　　节：华文细黑、浅蓝、三号、加粗，左右缩进 2 字符，首行缩进 2 字符，大纲级别为 2。

　　小节：华文细黑、浅蓝、小三号，左右缩进 2 字符，首行缩进 2 字符，大纲级别为 3。

　　内容：仿宋_GB2312、四号，左右缩进 2 字符，首行缩进 2 字符。

8. 将新建样式中的章、节、小节分别应用到多级符号列表中，每级编号为"I""i""·"3 种。

9. 设置自动生成题注，使插入的图片、表格自动编号，调整图片大小至合适。

10. "警告"部分的文本格式为华文细黑，行距为 1.5 倍，"【警告】"颜色为浅蓝，加靛蓝边框。

11. 为内容中的网址设置相应超链接。

12. 为"输入文本："部分设定项目编号；为"接受或拒绝字典建议："部分设定项目符号"方框"。

13. 将文本转换为表格，表格格式为"左、右及中间线框不设置"。

14. 在最后一页选中相应文本完成分栏操作。

15. 目录内容自动生成，设置文本格式为"黑体、四号"。

16. 对文档进行安全保护（只读，不可进行格式编辑和修订操作）。

目　录

表 1	
项目	用途
10W USB 电源适配器	使用10W USB电源适配器，可为iPad供电并给电池充电
基座接口转USB电缆	使用此电缆将iPad连接到电脑以进行同步，或者连接到10W USB电源适配器进行充电。将此电缆与可选购的iPad基座或iPad Keyboard Dock键盘基座搭配使用，或者将此电缆直接插入iPad

ii 按钮

几个简单的按钮可让您轻松地开启和关闭iPad、锁定屏幕方向以及调整音量。

· 睡眠/唤醒按钮

如果未在使用iPad，则可以将其锁定。如果锁定iPad，在您触摸屏幕时，它不会有任何反应，但是您仍可以聆听音乐以及使用音量按钮。

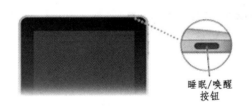

睡眠/唤醒
按钮

图3

· 屏幕旋转锁和音量按钮

通过屏幕旋转锁，使iPad屏幕的显示模式保持为竖向或横向。使用音量按钮来调整歌曲和其他媒体的音量以及提醒声音的音量。

项目详解

项目要求 1：新建 Word 2016 文档，将其命名为"长文档拓展练习（小 C）.docx"，保存在 C 盘根目录中。

操作步骤

【步骤 1】启动 Word 2016，窗口中会自动建立一个新的空白文件。

【步骤 2】单击窗口左上角的"▦（保存）"按钮，或者单击"文件"选项卡中的"保存"按钮（注意：新文件第一次保存时，会弹出"另存为"对话框），在该对话框中设置保存路径为"计算机–本地磁盘（C:）"，文件名和保存类型为"长文档拓展练习（小 C）.docx"，单击"保存"按钮。

项目要求 2：页面设置，纸张大小为 A4，上、下、左、右页边距均为 2 厘米。

操作步骤

【步骤】在"页面布局"中将"纸张大小"设为 A4，在"页边距"中选择"自定义边距……"选项，在弹出的"页面设置"对话框中设置上、下、左、右页边距均为 2 厘米。

项目要求 3：在封面中插入图片"logo.jpg"。

操作步骤

【步骤】在"插入"选项卡中单击"图片"按钮，在相应素材文件夹中找到指定图片，选中图片并进行插入即可。

项目要求 4：封面中两个标题段均设置为"左缩进 24 字符，英文标题格式为 Verdana、一号；中文标题格式为黑体、一号、白色、背景 1、深色–50%、字符间距为紧缩 1 磅"。

操作步骤

【步骤】将素材文件中的相应文字选中并复制到封面中（和 logo.jpg 图片空开 3 行），选中这两行标题，在"段落"对话框中，设置左缩进为 24 字符并单击"确定"按钮。选中英文标题，利用"开始"选项卡中的字体、字号按钮设置其格式为 Verdana、一号。选中中文标题，在"字体"对话框中，设置字体格式为黑体，字号为一号，在"字体颜色"下拉列表中选择"白色、背景 1、深色 – 50%"按钮，在"高级"选项卡中设置"间距"为紧缩 1 磅。

项目要求 5：在封面中插入分页符，生成第二页。

操作步骤

【步骤】将光标定位在中文标题文字之后，单击"插入"选项卡中的"分页"按钮完成操作。

项目要求 6：在第二页中输入"目录"，文本格式为"黑体、一号、居中"。

操作步骤

【步骤】在第二页中输入"目录"，利用"开始"选项卡中的字体、字号、对齐按钮设置其格式为"黑体、一号、居中"。

项目要求 7：节数的划分。封面、目录为第 1 节，正文为第 2 节，在第 2 节中设置奇偶页脚，页脚内容为线和页码数字，奇数页页脚内容右对齐，偶数页页脚内容左对齐。

操作步骤

【步骤 1】将光标定位在"目录"之后，单击"布局"→"分隔符"→"分节符"→"下一页"按钮，将正文和前面的封面以及目录分节。将素材文件中的正文部分复制到新产生的页面中。

【步骤 2】在第 2 节正文的奇数页中，单击"插入"→"页脚"→"编辑页脚"按钮，在"页眉和页脚工具–设计"选项卡中选中"奇偶页不同"复选框，并分别在页眉和页脚处断开"链接到前一条页眉"，选择"页码"中的"设置页码格式"选项，页码编号选中"起始页码 1"并单击"确定"按钮，在"开始"选项卡中利用"右对齐"按钮设置右对齐，利用"插入"→"形状"→"直线"在页码旁画一条直线。在偶数页中再次插入页码，设置左对齐、画线。

项目要求 8：在正文编辑前新建样式，文本格式具体如下。

章：黑体、一号，左缩进 10 字符，紧缩 1 磅，大纲级别为 1。

节：华文细黑、浅蓝、三号、加粗，左右缩进 2 字符，首行缩进 2 字符，大纲级别为 2。

小节：华文细黑、浅蓝、小三号，左右缩进 2 字符，首行缩进 2 字符，大纲级别为 3。

内容：仿宋_GB2312、四号，左右缩进 2 字符，首行缩进 2 字符。

操作步骤

【步骤】在"开始"选项卡中单击"样式"选项组中的" 　 （对话框启动器）"按钮，弹出

"样式"窗格，单击该窗格左下角的"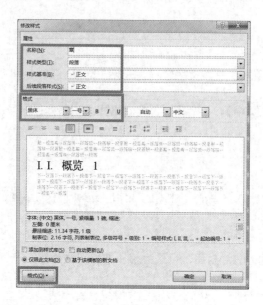（新建样式）"按钮分别建立章、节、小节、内容的样式。其中章的样式如下图所示。

在"修改样式"对话框中输入样式名，并设置字体、字号、居中，再单击"格式"下拉按钮，在弹出的下拉列表中选择"字体"选项，继续设置字符紧缩，选择"段落"选项，弹出"段落"对话框，设置左缩进和大纲级别，如下图所示。

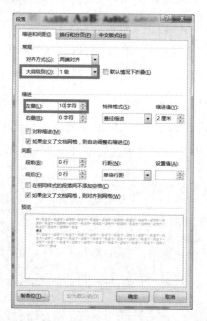

节、小节和内容的样式按照此方法进行设置。

项目要求9：在新建样式中的章、节、小节中应用多级符号，每级编号为"I""i""·"3种。

![操作步骤图标] **操作步骤**

【步骤1】在"样式"窗格中选择章样式，单击其右侧的下拉按钮，在弹出的下拉列表中选择"修改"选项，弹出"修改样式"对话框，单击"格式"下拉按钮，在弹出的下拉列表中选择"编号"选项，在弹出的"编号和项目符号"对话框中选定编号样式即可，如下图所示。

节和小节的编号也是这样修改的，其中小节的编号样式为"·"，可以通过单击"定义新编号格式"按钮来设置。

【步骤2】完成以上各样式编号的修改后，即可将样式应用到各级文本上。切换到大纲视图，利用大纲工具选项卡中的按钮将文本调整到各级大纲级别（参考样张），并套用已经定义好的样式，如下图所示。

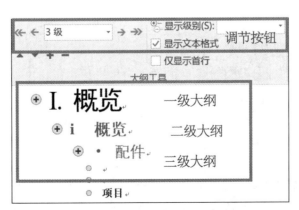

项目要求10：设置自动生成题注，使插入的图片、表格自动编号，调整图片大小至合适。

操作步骤

【步骤1】参考样张，将光标定位在插入的第一张图片处，在"引用"选项卡中单击"插入题注"按钮，弹出"题注"对话框，如下图所示。

单击"新建标签"按钮，输入新标签"图"，单击"编号"按钮，选择数字序号"1，2，3…"，"位置"为"所选项目下方"。

如果要自动插入表的题注，则可单击上图中的"自动插入题注"按钮，在弹出的"自动插入题注"对话框中选中"Microsoft Word 表格"复选框，其中"使用标签"为"表格"，"位置"为"项目上方"，编号为"1，2，3…"，单击"确定"按钮，如下图所示。

【步骤2】按照此方法完成所有图片和表格的编号处理，并调整图片大小至合适。

项目要求11："警告"部分的文本格式为华文细黑，行距为1.5倍，"【警告】"颜色为浅蓝加靛蓝色边框。

操作步骤

【步骤】选中"警告"部分的文字，在"开始"选项卡中设置字体格式为"华文细黑"，在"段落"对话框中，设置行距为"1.5 倍"。选中"警告"两个字，单击"⊞·"右侧的下拉按钮，在弹出的下拉列表中选择"边框和底纹"选项，弹出"边框和底纹"对话框，先选择颜色为靛蓝，再选择"方框"选项，单击"▲·"按钮将其字体颜色设置成浅蓝色。

项目要求 12：为内容中的网址设置相应超链接。

操作步骤

【步骤】选中网址部分，在"插入"选项卡中单击"超链接"按钮，弹出"编辑超链接"对话框，如下图所示。

完成相关设置后，单击"确定"按钮即可。

项目要求 13：为"输入文本："部分设定项目编号；为"接受或拒绝字典建议："部分设定项目符号"方框"。

操作步骤

【步骤】选中"输入文本："部分文字，单击"≡·"按钮，添加数字编号；选中"接受或拒绝字典建议："部分文字，单击"≡·"按钮，选择方框即可。

项目要求 14：将文本转换为表格，表格格式为"左、右及中间线框不设置"。

操作步骤

【步骤】参考样张，找到需要转换成表格的文字，同一行两列文字之间用制表符隔开。完成调整后，选中这几行文字，在"插入"选项卡中单击"表格"下拉按钮，在弹出的下拉列表中选择"文本转换成表格"选项，单击"确定"按钮即可。表格转换成功后，选中整张表格，单击"开始"选项卡中的" ⊞· "下拉按钮，在弹出的下拉列表中选择"边框和底纹"选项，在弹出的"边框和底纹"对话框的预览区中将左、右及中间线去掉并单击"确定"按钮。

项目要求 15：在最后一页选中相应文本完成分栏操作。

操作步骤

【步骤】选中相应的文本，在"页面布局"选项卡中单击"分栏"按钮，再选择分两栏即可。

项目要求 16：目录内容自动生成，设置文本格式为"黑体、四号"。

操作步骤

【步骤】将光标定位在第 2 页中，在"引用"选项卡中单击"目录"按钮，选择"自动目录 1"选项即可生成目录，之后再选中目录，将其文本格式设置为"黑体、四号"即可。

项目要求 17：对文档进行安全保护（只读，不可进行格式编辑和修订操作）。

操作步骤

【步骤】以上操作全部完成后，在"文件"选项卡中单击"保护文档"按钮，选择"限制编辑"选项，再按下图进行设置即可。

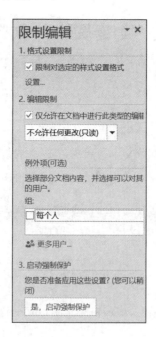

Word 2016 综合应用
——基本练习

项目要求

完成"舍友"期刊的制作。总体要求：纸张大小为 A4，页数至少有 20 页；整体内容编排顺序为封面、日期和成员、卷首语、目录、期刊内容（围绕大学生活，每位宿舍成员至少完成 2 页内容的排版）和封底。

内容以原创为主，可在网上适当搜索素材进行补充，但必须注明出处。完成的版式及效果自行设计。具体制作要求如下表所示。

序号	具体制作要求
1	刊名为"舍友"，格式、效果自行设计
2	宿舍成员信息真实，内容以原创为主
3	使用的网络素材需经过加工
4	期刊的制作需要用到图片、表格、艺术字、文本框、自选图形等
5	目录自动生成或使用制表位完成
6	要做到色彩协调，标题醒目、突出，同级标题格式相对统一
7	版面设计合理，风格协调
8	图文并茂，文字字距、行距适中，且清晰易读
9	使用"节"，使页码从期刊内容处开始编码
10	页眉和页脚需根据不同版块设计不同的内容

得分点：

要求	1	2	3	4	5	6	7	8	9	10
评分	1分	1分	1分	1分	1分	1分	1分	1分	1分	1分
总分										

PART 16

16

产品销售表编辑排版
——基本练习

项目要求

1. 在"4.1 要求与素材.xlsx"工作簿中的"素材"工作表后插入一张新的工作表，将其命名为"某月碳酸饮料送货销量清单"。

2. 将"素材"工作表中的字段名行选择性粘贴（数值）到"某月碳酸饮料送货销量清单"工作表的 A1 单元格中。

3. 将"素材"工作表中的前 10 条数据记录（从 A4 到 AC1 的所有单元格）复制到"某月碳酸饮料送货销量清单"工作表从 A4 开始的单元格区域中，并清除复制后的单元格格式。

4. 在"客户名称"列前插入一列，在 A1 单元格中输入"序号"，在 A4 到 A13 单元格内使用填充句柄功能自动填入序号"1，2…"。

5. 在"联系电话"列前插入两列，字段名分别为"路线""渠道编号"，并分别输入对应的路线和渠道编号数值。

6. 删除字段名为"联系电话"的列。

7. 在 A14 单元格中输入"日期:"，在 B14 单元格中输入当前日期，并设置日期类型为"★2012年 3 月 14 日"。在 C14 单元格中输入"单位:"，在 D14 单元格中输入"箱"。

8. 将工作表中所有的"卖场"替换为"超市"。

9. 在第一行之前插入一行，将 A1 到 AE1 单元格的格式设置为跨列居中，并输入标题"某月碳酸饮料送货销量清单"。

10. 调整表头格式，使用文本控制和文本对齐方式合理设置字段名，并将表格中所有文本的对齐方式设置为居中对齐。

11. 将标题文字格式设置为"仿宋、11 磅、蓝色"；将字段名行的文字格式设置为"宋体、9 磅、加粗"；将记录行和表格说明文字的格式设置为"宋体、9 磅"。

12. 将该表的所有行和列设置为适合的行高和列宽。

13. 将工作表中除第 1 行和第 15 行外的数据区域的边框格式设置为外边框粗实线，内边框实线。

14. 将工作表中字段名部分 A2 到 E4 数据区域的边框格式设置为外边框粗实线，内边框粗实线。将工作表字段名部分 F3 到 AE4 数据区域的边框格式设置为外边框粗实线。将工作表中记录行部分 A5 到 E14 数据区域的边框格式设置为内边框垂直线条（粗实线）。

15. 将工作表中 F3 到 O14 数据区域和 U3 到 W14 数据区域的背景颜色设置为 "80%蓝色（第 2 行、第 5 列）"。

16. 设置所有销量大于 15 箱的单元格格式，将其字体颜色设置为 "蓝色"，字形设置为 "加粗"。

17. 在 B17 单元格中输入 "产品销售额累计"，并超链接至 "产品销售额累计.xlsx" 文档。

18. 复制 "某月碳酸饮料送货销量清单" 工作表，将新工作表重命名为 "某月碳酸饮料送货销量清单备份"。

得分点：

要求	1、2	3	4、5	6、7	8、9	10、11	12、13	14、15	16	17、18
评分	1分	1分	1分	1分	1分	1分	1分	1分	1分	1分
总分										

产品销售表编辑排版 —— 基本练习

员工信息表编辑排版——
拓展练习

计算机应用情境教学基础教程拓展实训（Windows 7+Office 2016）

项目要求

1. 在"扩展练习要求与素材.xlsx"工作簿中的"素材"工作表后插入一张新的工作表，将其命名为"员工信息"。

2. 将"素材"工作表中的字段名行选择性粘贴（数值）到"员工信息"工作表的 A1 单元格中。

3. 将"素材"工作表中的部门为"市场营销部"的记录（共 4 条）复制到"员工信息"工作表的 A2 单元格中，并清除复制后的单元格格式。

以下操作均在"员工信息"工作表中完成。

4. 删除"出生年月""何年何月毕业""入党时间""参加工作年月""专业""项目奖金""福利""出差津贴""健康状况"列。

5. 在"姓名"列前插入一列，在 A2 单元格中输入"编号"，在 A2 到 A5 单元格内使用填充句柄功能自动填入序号"1，2…"。

6. 在"学历"列前插入一列，字段名为"身份证号码"，分别输入 4 名员工的身份证号"32108219651028××××""32147819710301××××""32001419710520××××""32943419530512××××"。

7. 在 B7 单元格中输入"部门性别比例：（女/男）"（冒号后换行），在 C7 单元格中输入比例（用分数形式表示）。

8. 将工作表中所有的"硕士"替换为"研究生"、"专科"替换为"大专"。

9. 在第 1 行之前插入一行，将 A1 到 L1 单元格格式设置为跨列居中，并输入标题"市场营销部员工基本信息表"，将文本格式设置为"仿宋、12 磅、深蓝"。

10. 将字段名行的文本格式设置为"宋体、10 磅、加粗"；将记录行的文本格式设置为"宋体、10 磅"；将 B7 单元格的文本格式设置为"加粗"。

11. 为工作表中除第 1 行和第 7 行外的数据区域设置边框格式，外边框为"粗实线、深蓝"；内边框为"虚线、深蓝"；字段名行颜色为"水绿色"。

12. 将第 2 行与第 3 行的分隔线设置为"双实线、深蓝"。

13. 在 K8 单元格内输入"制表日期:",在 L8 单元格内输入当前日期,并设置格式为"*年*月*日"。

14. 将"基本工资"列中的数据设置为显示小数点后两位,使用货币符号"¥",并使用千位分隔符。

15. 设置所有基本工资小于 5000 元的单元格格式,将其字体颜色设置为绿色(使用条件格式设置)。

16. 将该表的所有行和列设置为合适的行高和列宽。

17. 复制"员工信息"工作表,将其重命名为"自动格式",将该表中的第 2 行至第 6 行所在的数据区域自动套用"表样式深色 3"格式。

 项目详解

项目要求 1:在"拓展练习要求与素材.xlsx"工作簿中的"素材"工作表后插入一张新的工作表,将其命名为"员工信息"。

操作步骤

【步骤】启动 Excel 2016,在"开始"选项卡中单击"打开"按钮,打开指定位置的"拓展练习要求与素材.xlsx"工作簿,或者找到该文件后双击将其打开。在表标签部分单击" ",在"素材"工作表后插入了一张新工作表,默认工作表名为"Sheet1",双击"Sheet1",在其反显后输入新工作表名"员工信息",按<Enter>键确认。

项目要求 2:将"素材"工作表中的字段名行选择性粘贴(数值)到"员工信息"工作表的 A1 单元格中。

操作步骤

【步骤】单击"素材"工作表标签,切换到该工作表,指针呈空心十字时拖曳选中字段名行,单击"开始"选项卡中的" 复制 "按钮,切换到"员工信息"表中,在 A1 单元格中单击"开始"选项卡中的"粘贴"下拉按钮,在弹出的下拉列表中选择粘贴数值,如右图所示。

项目要求 3:将"素材"工作表中的部门为"市场营销部"的记录(共 4 条)复制到"员工信息"工作表的 A2 单元格中,并清除复制后的单元格格式。

操作步骤

【步骤】在"素材"工作表中，单击第9行，选中第一条"市场营销部"的记录，按住<Ctrl>键，同时再按住鼠标左键拖曳选中第18~20行共3条记录，单击"开始"选项卡中的"📋复制 ▾"按钮，切换到"员工信息"表中，在A2单元格中单击"开始"选项卡中的"粘贴"下拉按钮，在弹出的下拉列表中选择粘贴数值。

项目要求4：删除"出生年月""何年何月毕业""入党时间""参加工作年月""专业""项目奖金""福利""出差津贴""健康状况"列。

操作步骤

【步骤】在"员工信息"表中，单击"出生年月"列上方的列号，再按住<Ctrl>键，分别单击要删除列上方的列号，在被选中的列号上单击鼠标右键，在弹出的快捷菜单中选择"删除"选项。

项目要求5：在"姓名"列前插入一列，在A1单元格中输入"编号"，在A2到A5单元格内使用填充句柄功能自动填入序号"1，2…"。

操作步骤

【步骤】鼠标右键单击列号A，在弹出的快捷菜单中选择"插入"选项，插入一个新行，在A1单元格内输入"编号"，在A2单元格内输入1，按住<Ctrl>键，使用填充句柄功能填入序号"1，2…"。

项目要求6：在"学历"列前插入一列，字段名为"身份证号码"，分别输入4名员工的身份证号"32108219651028××××""32147819710301××××""32001419710520××××""32943419530512××××。

操作步骤

【步骤】鼠标右键单击"学历"列上方的列号，在弹出的快捷菜单中选择"插入"选项，插入一个新列，在新插入列的第1行中输入"身份证号码"，再在其以下几个空单元格内用输入数字文本的方式分别输入各员工的身份证号码（注意：先输入一个英文状态下的单引号，再输入数字即可得到数字文本）。

项目要求 7：在 B7 单元格中输入"部门性别比例：（女/男）"（冒号后换行），在 C7 单元格中输入比例（用分数形式表示）。

操作步骤

【步骤】选中 B7 单元格，输入"部门性别比例："后按住<Alt>键的同时按<Enter>键即可在同一单元格内换行，继续输入"（女/男）"。选中 C7 单元格，先输入数字 0，按<Space>键，再输入"1/3"即可以分数形式输入内容。

项目要求 8：将工作表中所有的"硕士"替换为"研究生""专科"替换为"大专"。

操作步骤

【步骤】将光标定位在 A1 单元格内，在"开始"选项卡中单击""下拉按钮，在弹出的下拉列表中选择"替换"选项，弹出"查找和替换"对话框，在该对话框中输入"查找内容"和"替换为"的内容后单击"全部替换"按钮，如下图所示。

使用同样的方法将"专科"替换为"大专"，最后关闭"查找和替换"对话框。

项目要求 9：在第 1 行之前插入一行，将 A1 到 L1 单元格格式设置为跨列居中，并输入标题"市场营销部员工基本信息表"，将文本格式设置为"仿宋、12 磅、深蓝"。

操作步骤

【步骤】鼠标右键单击行号 1，在弹出的快捷菜单中选择"插入"选项，插入新行，选中 A1:L1 区域，在"开始"选项卡中单击"合并后居中"按钮，并输入标题"市场营销部员工基本信息表"，利用字体、字号和字体颜色按钮将格式设置为"仿宋、12 磅、深蓝"，如下图所示。

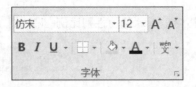

项目要求 10：将字段名行的文本格式设置为"宋体、10 磅、加粗"；将记录行的文本格式设置为"宋体、10 磅"；将 B7 单元格的文本格式设置为"加粗"。

操作步骤

【步骤】选中 A2:L2 区域，利用字体、字号等按钮按要求将文本格式设置为"宋体、10 磅、加粗"，选中 A3:L8 区域，将文本格式设置为"宋体、10 磅"，选中 B7 单元格，利用"B"按钮将文本加粗。

项目要求 11：为工作表中除第 1 行和第 7 行外的数据区域设置边框格式，外边框为"粗实线、深蓝"；内边框为"虚线、深蓝"；字段名行颜色为"水绿色"。

操作步骤

【步骤】选中 A2:L6 区域，在"开始"选项卡中单击"田·"下拉按钮，在弹出的下拉列表中选择"其他边框……"选项，在弹出的"设置单元格格式"对话框中分别为外边框设置样式和颜色"粗实线、深蓝"，为内边框设置样式和颜色为"虚线、深蓝"，如下图所示。

选中 A2:L2 区域，利用"🪣▾"按钮设置填充颜色为"水绿色"。

项目要求 12：将第 2 行与第 3 行的分隔线设置为"双实线、深蓝"。

🛠 **操作步骤**

【步骤】选中 A2:L2 区域，在"设置单元格格式"对话框中，为分隔线设置样式为"双实线、深蓝"，单击"确定"按钮。

17

项目要求 13：在 K8 单元格内输入"制表日期："在 L8 单元格内输入当前日期，并设置格式为"*年*月*日"。

🛠 **操作步骤**

【步骤】选中 K8 单元格，输入"制表日期："，选中 L8 单元格，输入当前日期，并单击"日期 ▾"下拉按钮，在弹出的下拉列表中选择日期格式即可。

项目要求 14：将"基本工资"列中的数据设置为显示小数点后两位，使用货币符号"￥"，并使用千位分隔符。

🛠 **操作步骤**

【步骤】选中 L3:L6 区域，按下图进行设置。

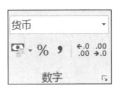

项目要求 15：设置所有基本工资小于 5000 元的单元格格式，将其字体颜色设置为绿色（使用条件格式设置）。

🛠 **操作步骤**

【步骤】选中 L3:L6 区域，单击"条件格式"下拉按钮，在弹出的下拉列表中选择"突出显示单元格规则"→"小于"选项，在弹出的"小于"对话框中进行相应设置即可，如下图所示。

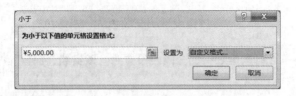

项目要求 16：将该表的所有行和列设置为合适的行高和列宽。

 **操作步骤**

【步骤】当光标移动到两个列号中间变为双箭头时，双击即可将列调整为最合适的列宽，拖动鼠标则可以任意调整宽度；调整行高也是如此，对照样表进行设置即可。

项目要求 17：复制"员工信息"工作表，将其重命名为"自动格式"，将该表中的第 2 行至第 6 行所在的数据区域自动套用"表样式深色 3"格式。

操作步骤

【步骤】在"员工信息"工作表上按住鼠标左键，再按住<Ctrl>键不放，将鼠标向右拖动即可复制一张"员工信息"工作表，双击新工作表标签，将其重命名为"自动格式"。选中该表中第 2～6 行所在的数据区域，单击" 套用表格格式 ▾ "下拉按钮，在弹出的下拉列表中选择"表样式深色 3"选项。

产品销售表公式函数
——基本练习

项目要求

1. 在"某月碳酸饮料送货销量清单"工作表的淡蓝色背景区域内计算本月内 30 位客户购买 600mL、1.5L、2.5L、355mL 这 4 种不同规格的饮料箱数的总和。

2. 在"某月碳酸饮料送货销量清单"工作表的"销售额合计"列中计算所有客户本月销售额合计，销售额的计算方法为不同规格产品销售箱数乘以对应价格的总和，不同规格产品的价格在"产品价格表"工作表内。

3. 用户销售额在 2000 元以上（含 2000 元）时享受八折优惠、1000 元以上（含 1000 元）时享受九折优惠，在"某月碳酸饮料送货销量清单"工作表的"折后价格"列中计算所有客户本月销售额的折后价格。

4. 在"某月碳酸饮料送货销量清单"工作表的"上月累计"列中填入"产品销售额累计"工作簿的"产品销售额"工作表中的"上月累计"列的数据。

5. 在"某月碳酸饮料送货销量清单"工作表的"本月累计"列中计算截至本月所有客户的销售额总和。

6. 在"某月碳酸饮料送货销量清单"工作表的"每月平均"列中计算本年度前 7 个月所有客户的销售额平均值。

7. 将"销售额合计""折后价格""上月累计""本月累计""每月平均"所在列的文本格式设置为保留小数点后 0 位，并加上人民币"￥"符号。

8. 在"每月平均"列最下方计算前 7 个月平均销售额大于 1000 元的客户数量。

得分点：

要求	1	2	3	4	5	6	7	8
评分	1分	1分	2分	1分	2分	1分	1分	1分
总分								

PART 19

19

员工信息表公式函数——拓展练习

项目要求

根据以下步骤，完成员工工资的计算。

1. 在"员工工资表"中计算每位员工的应发工资（基本工资+项目奖金+福利），将其填入到 H2 至 H23 单元格中。

2. 在"职工出差记录表"中计算每位员工的出差补贴（出差天数×出差补贴标准），将其填入到 C2 至 C23 单元格中。

3. 回到"员工工资表"中，在 I 列引用"职工出差记录表"中所计算出的"出差补贴"数据。在 J 列中计算员工的考勤（基本工资/30×缺勤天数）（缺勤天数在"员工考勤表.xlsx"工作簿文件中）。

4. 在"员工工资表"中计算每位员工的税前工资（应发工资+出差补贴-考勤），将其填入到 K2 至 K23 单元格中。

5. 在"个人所得税计算表"中的"税前工资"所在列中引用"员工工资表"中的相关数据，并对"税前工资"列的数据进行取整计算。根据所得税的计算方法计算每位员工应该缴纳的个人所得税（税前工资超过 3500 元者起征，税率 10%），将其填入到 C2 至 C23 单元格中。

6. 将"员工工资表"中剩余两列"个人所得税"和"税后工资"填写完整，将"税后工资"所在列的文本格式设置为保留小数点后 2 位，并加上人民币"¥"符号。

7. 在"员工工资表"中的 L24 和 L25 单元格中分别输入"最高税后工资"和"平均税后工资"，并在 M24 和 M25 单元格中使用函数计算出对应的数据。

 **项目详解**

项目要求 1：在"员工工资表"中计算每位员工的应发工资（基本工资+项目奖金+福利），将其填入到 H2 至 H23 单元格中。

操作步骤

【步骤】将光标定位在 H2 单元格内，输入 "="，单击 E2 单元格，输入 "+"，然后单击 F2 单元格，输入 "+"，接着单击 G2 单元格，最后再单击数据编辑栏左侧的对勾按钮，当鼠标指针移动到填充句柄处变为实心十字后，按住鼠标左键并拖动鼠标将公式复制到 H23 单元格中。

项目要求 2： 在 "职工出差记录表" 中计算每位员工的出差补贴（出差天数×出差补贴标准），将其填入到 C2 至 C23 单元格中。

操作步骤

【步骤】单击 "职工出差记录表" 工作表标签，单击 C2 单元格，输入 "="，单击 B2 单元格，输入 "*"，单击 C25 单元格，在数据编辑栏中的 C25 之间输入 "$"，变为 "C$25"，最后单击数据编辑栏左侧的对勾按钮确认操作，当鼠标指针移动到填充句柄处变为实心十字后，按住鼠标左键并拖动鼠标将公式复制到 C23 单元格中。

项目要求 3： 回到 "员工工资表" 中，在 I 列引用 "职工出差记录表" 中所计算出的 "出差补贴" 数据。在 J 列中计算员工的考勤（基本工资/30×缺勤天数）（缺勤天数在 "员工考勤表.xls" 工作簿文件中。）

操作步骤

【步骤1】在 "员工工资表" 中单击 I2 单元格，输入 "="，单击 "职工出差记录表" 工作表标签，再单击 C2 单元格，单击数据编辑栏左侧的对勾按钮确认操作，回到 "员工工资表" 中，当鼠标指针移动到填充句柄处变为实心十字后，按住鼠标左键并拖动鼠标将公式复制到 I23 单元格中，就完成了在 I 列中引用 "职工出差记录表" 中所计算出的 "出差补贴" 的操作。

【步骤2】在素材文件夹中打开 "员工考勤表.xlsx" 工作簿，回到 "员工工资表" 中，单击 J2 单元格，输入 "="，单击 E2 单元格，输入 "/30*"，单击任务栏中的 "员工考勤表.xlsx" 工作簿的 "11 月份考勤表" 中的 B2 单元格，在数据编辑栏中删除B2 前的两个 "$" 符号，再单击数据编辑栏左侧的对勾按钮确认操作，回到 "员工工资表" 中，当鼠标指针移动到填充句柄处变为实心十字后，按住鼠标左键并拖动鼠标将公式复制到 J23 单元格中。

项目要求 4： 在 "员工工资表" 中计算每位员工的税前工资（应发工资+出差补贴-考勤），将其填入到 K2 至 K23 单元格中。

操作步骤

【步骤】单击 K2 单元格，输入"="，单击 H2 单元格，输入"+"，单击 I2 单元格，输入"–"，单击 J2 单元格，最后单击数据编辑栏左侧的对勾按钮确认操作，当鼠标指针移动到填充句柄处变为实心十字后，按住鼠标左键并拖动鼠标将公式复制到 K23 单元格中。

项目要求 5：在"个人所得税计算表"的"税前工资"所在列中引用"员工工资表"的相关数据，并对"税前工资"列的数据进行取整计算。根据所得税的计算方法计算每位员工应该缴纳的个人所得税（税前工资超过 3500 元者起征，税率 10%），将其填入到 C2 至 C23 单元格中。

操作步骤

【步骤 1】单击"个人所得税计算表"工作表标签，单击 B2 单元格，输入"="，单击"员工工资表"工作表标签，单击 K2 单元格，最后单击数据编辑栏左侧的对勾按钮确认操作，回到"个人所得税计算表"中，单击数据编辑栏，将光标定位在"="右边，输入"int（"，将光标移动到最后，再输入"+0.5）"，单击数据编辑栏左侧的对勾按钮确认操作，当鼠标指针移动到填充句柄处变为实心十字后，按住鼠标左键并拖动鼠标将公式复制到 B23 单元格中（注意："int（ ）"为取整函数）。

【步骤 2】单击 C2 单元格，输入"="，单击名称框右侧的下拉按钮，在弹出的下拉列表中选择 IF 函数，在"函数参数"对话框中按下图所示进行设置并单击"确定"按钮，再利用填充句柄功能将结果拖动到 C23 单元格。

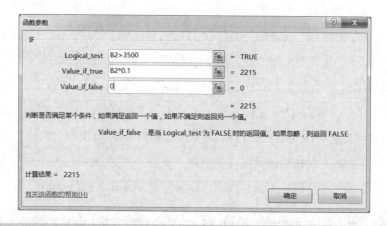

项目要求 6：将"员工工资表"中剩余两列"个人所得税"和"税后工资"填写完整，并将"税后工资"所在列的文本格式设置为保留小数点后 2 位，并加上人民币"￥"符号。

操作步骤

【步骤1】回到"员工工资表"中，单击 L2 单元格，输入"="，再单击"个人所得税计算表"工作表标签，单击 C2 单元格，单击数据编辑栏左侧的对勾按钮确认操作，回到"员工工资表"中，将鼠标指针移动到 L2 单元格的填充句柄处，按住鼠标左键并拖动鼠标到 L23 单元格。

【步骤2】单击 M2 单元格，输入"="，单击 K2 单元格，输入"－"，单击 L2 单元格，单击数据编辑栏左侧的对勾按钮确认操作，将鼠标指针移动到 M2 单元格的填充句柄处，按住鼠标左键并拖动鼠标到 M23 单元格。

【步骤3】选中 M2:M23 区域，在"开始"选项卡的"数字"选项组中进行如下设置。

项目要求 7：在"员工工资表"中的 L24 和 L25 单元格中分别输入"最高税后工资"和"平均税后工资"，并在 M24 和 M25 单元格中使用函数计算出对应的数据。

操作步骤

【步骤1】单击 L24 单元格，输入"最高税后工资"，单击 M24 单元格，输入"="，单击名称框右侧的下拉按钮，在弹出的下拉列表中选择"MAX"函数，使用鼠标从 M2 单元格拖动到 M23 单元格，单击"确定"按钮，如下图所示。

【步骤2】单击 L25 单元格，输入"平均税后工资"，单击 M25 单元格，输入"="，单击名称框右侧的下拉按钮，在弹出的下拉列表中选择"AVERAGE"函数，使用鼠标从 M2 单元格拖动到 M23 单元格，单击"确定"按钮。

20

产品销售表数据分析
——基本练习

项目要求

1. 将"某月碳酸饮料送货销量清单"工作表中的数据区域按照"销售额合计"的降序重新排列。

2. 将该工作表重命名为"简单排序"，复制该工作表，将得到的新工作表重命名为"复杂排序"。

3. 在"复杂排序"工作表中，将数据区域以"送货地区"为第一关键字，按照郑湖、望山、东楮的升序，以"销售额合计"为第二关键字的降序，以"客户名称"为第三关键字的笔画升序排列。

4. 复制"复杂排序"工作表，将得到的新工作表重命名为"筛选"，在该工作表中统计本月无效客户数（即销售量合计为 0 的客户数）。

5. 在 B33 单元格内输入"本月无效客户数："，在 C33 单元格内输入符合筛选条件的记录数。

6. 复制"筛选"工作表，将得到的新工作表重命名为"高级筛选"，并使其显示全部记录。筛选出本月高活跃率客户，即表格中本月购买的 4 种产品均在 5 箱以上（含 5 箱）的客户，最后将筛选出的结果复制到 A36 单元格中。

7. 在 A41 单元格内输入"望山区高活跃率客户实际销售额："，在 D41 单元格内输入符合筛选条件的销售额。

8. 复制"简单排序"工作表，将得到的新工作表重命名为"分类汇总"，在该工作表中统计不同渠道的折后价格总额。

9. 复制"简单排序"工作表，将得到的新工作表重命名为"数据透视表"，在该工作表中统计各送货地区中不同渠道的销售量总和以及实际销售价格总和。

10. 复制"简单排序"工作表，将得到的新工作表重命名为"数据合并"，在该工作表中统计各送货地区的销售量和实际销售价格的平均值。

得分点：

要求	1	2	3	4	5	6	7	8	9	10
评分	1分	1分	1分	1分	1分	1分	1分	1分	1分	1分
总分										

20 产品销售表数据分析——基本练习

PART 21

21

员工信息表数据分析——拓展练习

项目要求

根据以下步骤，完成员工信息的相关数据分析。

1. 在"数据管理"工作表的 L1 单元格中输入"实发工资"，并计算每位员工的实发工资（基本工资+补贴+奖金），将其填入到 L2 至 L23 单元格中。

2. 将该工作表中的数据区域按照"实发工资"降序排列。

3. 将该工作表重命名为"简单排序"，复制该工作表，将得到的新工作表重命名为"复杂排序"。

4. 在"复杂排序"工作表中，将数据区域以"每月为公司进账"为第一关键字降序，"基本工资"为第二关键字升序，"工作年限"为第三关键字降序，"专业技术职称"为第四关键字且按照高级工程师、工程师、助理工程师、高级会计师、会计师、高级经济师、经济师、高级人力资源管理师、人力资源管理师、营销师、助理营销师升序排列。

5. 复制"复杂排序"工作表，将得到的工作表重命名为"筛选"，将该工作表的数据区域按照"姓名"字段的笔画数升序排列。

6. 统计该公司近 5 年来即将退休的人员，以确定新员工的招聘人数，退休年龄为 55 周岁。（提示：筛选出"出生年月"在 1953 年 1 月到 1958 年 1 月之间的员工。）

7. 在 C25 单元格内输入"计划招聘:"，在 D25 单元格内输入符合筛选条件的记录数。

8. 复制"筛选"工作表，将得到的新工作表重命名为"高级筛选"，并显示全部记录，删除第 25 行的内容。年底将近，人事部下发技术骨干评选条件如下：年龄 40 周岁以下的，学位为硕士，非助理职称；或者年龄 40 周岁以上的，学位为学士，高级职称。最后将筛选出的结果复制到 A29 单元格内。

9. 复制"简单排序"工作表，将得到的新工作表重命名为"分类汇总"。年底将近，财务部将下发奖金，现需统计各部门的奖金总和。（提示：分类汇总。）

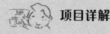 项目详解

项目要求 1：在"数据管理"工作表的 L1 单元格输入"实发工资"，并计算每位员工的实发工资（基本工资+补贴+奖金），将其填入到 L2 至 L23 单元格中。

操作步骤

【步骤】在"数据管理"工作表中单击 L1 单元格，输入"实发工资"并按<Enter>键，选中 I2:L23 区域，单击"∑自动求和 ▾"按钮即可求出每位员工的实发工资。

项目要求 2：将该工作表中的数据区域按照"实发工资"降序排列。

操作步骤

【步骤】将光标定位在"实发工资"列中任意一个单元格内，单击" A↓Z 排序和筛选 "下拉按钮，在弹出的下拉列表中选择" A↓Z 降序(O) "选项即可。

项目要求3：将该工作表重命名为"简单排序"，复制该工作表，将得到的新工作表重命名为"复杂排序"。

操作步骤

【步骤】双击"数据管理"工作表标签，待其反显后直接输入"简单排序"并按<Enter>键，按住<Ctrl>键不放，向右拖动"简单排序"工作表标签即可复制该工作表，双击新得到的工作表标签，待其反显后输入"复杂排序"并按<Enter>键。

项目要求 4：在"复杂排序"工作表中，将数据区域以"每月为公司进账"为第一关键字降序，"基本工资"为第二关键字升序，"工作年限"为第三关键字降序，"专业技术职称"为第四关键字且按照高级工程师、工程师、助理工程师、高级会计师、会计师、高级经济师、经济师、高级人力资源管理师、人力资源管理师、营销师、助理营销师升序排列。

操作步骤

【步骤】将光标定位在"复杂排序"工作表中任意一个有内容的单元格内，单击" A↓Z 排序筛选 "下拉按钮，在弹出的下拉列表中选择" 自定义排序(U)... "选项，弹出"排序"对话框，如下图所示。

单击"主要关键字"右侧的下拉按钮，在弹出的下拉列表中选择"每月为公司进账"选项，将"次序"设为"降序"；再单击该对话框左上角的"添加条件"按钮，在"次要关键字"下拉列表中选择"基本工资"选项，将"次序"设为"升序"；重复刚才的操作，设定第二个次要关键字"工作年限"为"降序"；设定次要关键字"专业技术职称"时，在"次序"下拉列表中选择"自定义序列……"选项，弹出"自定义序列"对话框，如下图所示。

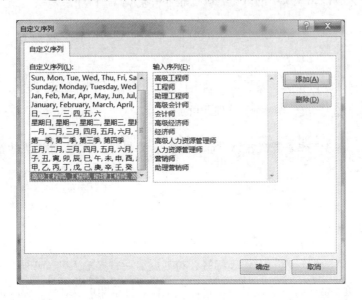

在"输入序列"列表框中按要求输入各职称序列后单击"添加"按钮即可完成自定义序列，单击"确定"按钮，返回到"排序"对话框后单击"确定"按钮即可完成相应排序任务，如下图所示。

项目要求 5：复制"复杂排序"工作表，将得到的新工作表重命名为"筛选"，将该工作表的数据区域按照"姓名"字段的笔画升序排列。

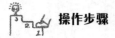 操作步骤

【步骤】按住<Ctrl>键不放，向右拖动"复杂排序"工作表标签即可复制该工作表，双击得到的新工作表，待其反显后输入"筛选"。将光标定位在"姓名"列中的任意一个单元格中，

单击"![排序和筛选]"下拉按钮,在弹出的下拉列表中选择"![] 自定义排序(U)…"选项,弹出"排序"对话框,并按下图进行设置,将"主要关键字"设为"姓名","次序"设为"升序",再单击"选项"按钮,在弹出的"排序选项"对话框中选中"笔画排序"单选按钮,单击"确定"按钮,返回到"排序"对话框中单击"确定"按钮即可。

项目要求 6:统计该公司近 5 年来即将退休的人员,以确定新员工的招聘人数,退休年龄为 55 周岁。(提示:筛选出"出生年月"在 1953 年 1 月到 1958 年 1 月之间的员工。)

操作步骤

【步骤】将光标定位在数据表中的任意一个单元格内,单击"![排序和筛选]"下拉按钮,在弹出的下拉列表中选择"![] 筛选(F)"选项,再单击第 1 行"出生年月"右侧的筛选按钮,在弹出的下拉列表中选择"日期筛选"中的"介于"选项,在弹出的"自定义自动筛选方式"对话框中分别输入"1953-1"和"1958-1"并单击"确定"按钮,如下图所示。

项目要求 7:在 C25 单元格内输入"计划招聘:",在 D25 单元格内输入符合筛选条件的记录数。

操作步骤

【步骤】单击 C25 单元格,输入"计划招聘:",单击 D25 单元格,输入"6 人"。

项目要求 8：复制"筛选"工作表，将得到的新工作表重命名为"高级筛选"，并显示全部记录，删除第 25 行的内容。年底将近，人事部下发技术骨干评选条件如下：年龄 40 周岁以下的，学位为硕士，非助理职称；或者年龄 40 周岁以上的，学位为学士，高级职称。最后将筛选出的结果复制到 A29 单元格内。

操作步骤

【步骤 1】按住<Ctrl>键不放，向右拖动"筛选"工作表标签即可复制该工作表，双击得到的新工作表标签，待其反显后输入"高级筛选"。再单击" " 下拉按钮，在弹出的下拉列表中选择" 筛选(F)"选项即可取消自动筛选，并显示全部记录。在第 25 行上单击鼠标右键，在弹出的快捷菜单中选择"删除"选项，删除第 25 行的内容。

【步骤 2】选中第 1 行中的"出生年月""学位"和"专业技术职称"，将其复制到 C25、D25 和 E25 单元格内，在 C26 单元格内输入">1973-1"，在 D26 单元格内输入"硕士"，在 E26 单元格内输入"< >助理*"，在 C27 单元格内输入"<1973-1"，在 D27 单元格内输入"学士"，在 E27 单元格内输入"高级"，如下图所示。

出生年月	学位	专业技术职称
>1973-1	硕士	<>助理*
<1973-1	学士	高级

将光标定位在上面的数据表中的某一个单元格内，在"数据"选项卡中单击"高级"按钮，弹出"高级筛选"对话框，按下图进行操作。

选中"将筛选结果复制到其他位置"单选按钮，将光标定位在"条件区域"方框中，选中 C25:E27 区域，将光标定位在"复制到"方框中，单击 A29 单元格即可。

项目要求 9：复制"简单排序"工作表，将得到的新工作表重命名为"分类汇总"。年底将近，财务部将下发奖金，现需统计各部门的奖金总和。（提示：分类汇总。）

![操作步骤图标] **操作步骤**

【**步骤**】按住<Ctrl>键不放，向右拖动"简单排序"工作表标签即可复制该工作表，双击得到的新工作表标签，待其反显后输入"分类汇总"。将光标定位在"部门"列中的任意一个单元格的，在"数据"选项卡中单击"![按钮图标]"按钮，将"部门"列按升序排列，再单击"![分类汇总按钮图标]"按钮，弹出"分类汇总"对话框，"分类字段"选择"部门"，"汇总方式"选择"求和"，在"选定汇总项"列表框中只选中"奖金"复选框，单击"确定"按钮，如下图所示。

完成以上操作后保存文件，关闭 Excel 2016。

22

产品销售表图表分析
——基本练习

项目要求

1. 利用提供的数据，选择合适的图表类型来表达"各销售渠道所占销售份额"。

2. 利用提供的数据，选择合适的图表类型来表达"各地区对 600mL 和 2.5L 两种容量产品的需求比较"。

得分点：

要求	1	2
评分	4分	6分
总分		

员工信息表图表分析——拓展练习

项目要求

利用提供的数据，采用图表的方式表示以下信息。

1. 产品在一定时间内的销售增长情况（选中数据源 A3:L3 和 A11:L11，在"插入"选项卡中选择图表类型、图表位置或进行其他设置）。

2. 产品销售方在一定时间内市场份额的变化（制作 2008 年的市场份额变化图表时，应选中数据源 A3:B10，在"插入"选项卡中选择图表类型、图表位置或进行其他设置。2018 年的市场份额变化图表的制作与 2008 年的制作方法相同）。

3. 出生人数与产品销售的关系（选中数据源 A3:L3 和 A11:L12，在"插入"选项卡中选择图表类型、图表位置或进行其他设置）。

项目详解

项目要求 1：产品在一定时间内的销售增长情况（选中数据源 A3:L3 和 A11:L11，在"插入"选项卡中选择图表类型、图表位置或进行其他设置）。

操作步骤

【**步骤 1**】在"素材"工作表后新建工作表，将其命名为"产品销售增长情况"。在"素材"工作表中，选中 A3:L3 区域，按住<Ctrl>键，再选中 A11:L11 区域，利用"插入"→" "→"带数据标志的折线图"即可生成一张折线图。将得到的折线图选中，利用"图表工具"→"设计"→" "将图表移动到刚建立的"产品销售增长情况"工作表中。

【**步骤 2**】当鼠标指针移动到图表边框线上，当其变为双箭头时，可以调节图表的宽度和高度。

【**步骤 3**】单击图例" "，按<Delete>键将其删除。

【**步骤 4**】在图表区中单击鼠标右键，在弹出的快捷菜单中选择"设置图表区域格式"选项，选择" "→"填充"→"纯色填充"选项，设定颜色为"白色，背景 1，深色 50%"。

【**步骤 5**】在绘图区中单击鼠标右键，在弹出的快捷菜单中选择"设置绘图区格式"选项，选

择 "" → "填充" → "纯色填充" 选项，设定颜色为 "白色，背景 1，深色 50%"。

【步骤 6】单击绘图区中的网格线，按 <Delete> 键将其删除。

【步骤 7】将鼠标指针移动到水平（类别）轴上双击，弹出 "设置坐标轴格式" 窗格，选择 "" → "线条" → "实线" 选项，设定颜色为 "白色"，线型宽度为 1.25 磅，其他设置如下图所示。

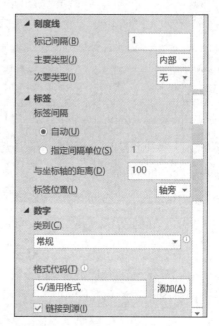

单击轴下方的数字后在 "开始" 选项卡中设置其字号为 12 磅，字体颜色为 "白色"。

【步骤 8】用和【步骤 7】同样的方法设置垂直（值）轴。

【步骤 9】将鼠标指针移动到 "系列 '总额' 点" 上双击，弹出 "设置数据系列格式" 窗格，选择 "" → "线条" → "实线" 选项，设置颜色为 "橙色"，线型宽度为 3 磅。选择 "" → "阴影" 选项，设置颜色为 "黑色"，数据标记选项的设置如下图所示。

计算机应用情境教学基础教程拓展实训（Windows 7+Office 2016）

【步骤10】将鼠标指针移动到图表标题上单击，删除原来的文字，输入新标题"2008—2018年产品销售情况"，并设置字体为"宋体，14磅，白色"。

【步骤11】在"图表工具–设计"选项卡中单击""下拉按钮，在弹出的下拉列表中选择"轴标题"→"主要纵坐标轴"选项，选中出现在垂直（值）轴左边的"坐标轴标题"，将它移动到垂直（值）轴的上方，并在其中输入"销售额百万元"（其中，"百万元"另起一行），并设置字体为"宋体，11磅，白色"。

【步骤12】选中绘图区，当鼠标指针移动到垂直（值）轴上的控点时会变为双箭头，此时按住鼠标左键并向左拖动，将垂直（值）轴的数字移到动坐标轴标题下方。

项目要求2：产品销售方在一定时间内市场份额的变化（制作2008年的市场份额变化图表时，应选中数据源A3:B10，在"插入"选项卡中选择图表类型、图表位置或进行其他设置。2018年的市场份额变化图表的制作与2008年的制作方法相同）。

操作步骤

【步骤1】在"产品销售增长情况"工作表后新建工作表，将其命名为"销售方分布情况"。在"素材"工作表中，选中A3:B10区域，利用"插入"→""→"三维饼图"即可生成一张三维饼图。选中三维饼图，利用"图表工具"→"设计"→""将图表移动到刚建立的"销售方分布情况"工作表中，继续对图表进行如下编辑操作。

【步骤2】当鼠标指针移动到图表边框线上，当其变为双箭头时，可以调节图表的宽度和高度。

【步骤3】单击下方的图例，按<Delete>键将其删除。

【步骤4】在图表区中双击，在弹出的"设置图表区格式"窗格中，选择""→"填充"→"纯色填充"选项，设定颜色为"黑色"。

【步骤5】单击绘图区，绘图区四周会出现控点，当鼠标指针移动到控点上时会变为双箭头，调整绘图区至适当大小。

【步骤6】选中图表标题，在其中输入"2008年销售方市场份额的分布情况"，并设置字体为"宋体，14磅，白色"。

【步骤7】单击圆饼以选中数据系列，在"图表工具–设计"选项卡中单击""下拉按钮，在弹出的下拉列表中选择"数据标签"→"其他数据标签选项"选项，在弹出的"设置数据标签格式"窗格中进行设置，如下左图所示。

【步骤8】双击圆饼，弹出"设置数据系列格式"窗格，将第一扇区的起始角度调整为270°，如下右图所示。

【步骤9】单独选中"代销商"扇区，将其拖动分离。

【步骤10】使鼠标指针在圆饼边缘移动，当弹出提示信息"引导线"时双击，弹出"设置引导线格式"对话框，在该对话框中将线条设置为"实线"，颜色设置为"白色"。

> 项目要求3：出生人数与产品销售的关系（选中数据源 A3:L3 和 A11:L12，在"插入"选项卡中选择图表类型、图表位置或进行其他设置）。

操作步骤

【步骤1】在"销售方分布情况"工作表后新建工作表，将其命名为"销售与人口出生率"。在"素材"工作表中，选中 A3:L3 区域，按住<Ctrl>键，再选中 A11:L12 区域，利用"插入"→"▮▮▾"→"二维柱形图—簇状柱形图"即可生成一张柱形图。选中簇状柱形图，利用"图表工具"→"设计"→"移动图表"将图表移动到刚建立的"销售与人口出生率"工作表中。继续对图表进行如下编辑操作。

【步骤2】将鼠标指针移动到图表边框线上，当其变为双箭头时，可以调节图表的宽度和高度。

【步骤3】在"图表工具-格式"选项卡的左侧选择"系列'出生人数'"选项，并单击"设置所选内容格式"按钮，如下图所示。

在弹出的"设置数据系列格式"窗格中进行设置，如下图所示。

在"填充与线条"中设置边框为"实线、橙色"，线型宽度为3磅。

【**步骤 4**】在"图表工具–格式"选项卡的左侧选择"系列'总额'"选项，并单击"设置所选内容格式"按钮，在弹出的"设置数据系列格式"窗格进行设置，如下图所示。

此外，设置边框颜色为"无颜色"。

【**步骤 5**】在"图表工具–设计"选项卡中单击" "下拉按钮，在弹出的下拉列表中选择"图表标题"→"图表上方"选项，添加图表标题。在图表标题方框中输入"出生人数与产品销售的关系图", 并设置字体格式为 "宋体, 12 磅"。

【步骤 6】在 "图表工具-设计" 选项卡中单击 " " 下拉按钮, 在弹出的下拉列表中选择 "轴标题" → "主要纵坐标轴" 选项, 移动弹出的标题到主要纵坐标轴的上方, 并在其中输入 "销售额 (百万元)" (其中, "百万元" 另起一行)。

【步骤 7】在 "图表工具-设计" 选项卡中单击 " " 下拉按钮, 在弹出的下拉列表中选择 "轴标题" → "次要纵坐标轴" 选项, 移动弹出的标题到次要纵坐标轴的上方, 并在其中输入 "出生人数 (百万)" (其中, "百万" 另起一行)。

【步骤 8】双击图表下方的图例, 在弹出的窗格中设置边框颜色为 "实线, 黑色"。

【步骤 9】选中绘图区中的主要纵坐标轴网格线, 按<Delete>键将其删除。

计算机应用情境教学基础教程拓展实训 (Windows 7+Office 2016)

Excel 2016 综合练习
——基本练习

项目要求

根据以下步骤，完成下图所示的"2020 年度毕业生江浙沪地区薪资比较"。请根据自己的理解设置图表外观，不需要与示例一致。

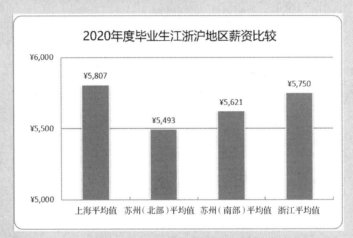

1. 复制工作簿文件（4.5 综合应用要求与素材.xlsx）中的"素材"工作表，将新工作表命名为"2020 年度毕业生江浙沪地区薪资比较"。

2. 将"薪资情况"字段的数据按照以下标准把薪资范围替换为具体的值：①<5000 替换为 4800，②≥5000 且<6000 替换为 5500，③≥6000 且≤7000 替换为 6500，④>7000 替换为 7500。

3. 根据要统计的项对数据区域进行排序和分类汇总。

4. 制作图表。

5. 对图表进行格式编辑。

得分点：

要求	1	2	3	4、5
评分	1分	1分	2分	6分
总分				

PART 25

25

新产品发布演示文稿制作
——基本练习

项目要求

1. 创建一个名为"新产品发布"的演示文稿。

2. 在幻灯片中插入相关文字、图片、艺术字、SmartArt 图形和表格等对象，并对它们进行基本格式设置，美化幻灯片。

3. 为演示文稿"新产品发布"重新选择主题，并适当修改演示文稿的母版，以达到理想效果。

4. 为演示文稿"新产品发布"添加切换效果和自定义动画。

5. 为演示文稿"新产品发布"的目录（第 2 张幻灯片）与相应的幻灯片之间建立超链接，并确保能成功使用。

得分点：

要求	1	2	3	4	5
评分	1分	1分	1分	1分	1分
总分					

PART 26

贺卡的制作——拓展练习

项目要求

根据"舍友"期刊的内容素材，制作一个演示文稿，分宿舍进行交流演示，具体要求如下。

1. 一个演示文稿至少要有 20 张幻灯片。

2. 第一张是片头引导页（写明主题、作者及日期等）。

3. 第二张是目录页。

4. 其他几张要有能够返回到目录页的超链接。

5. 使用"主题"中的内置主题或网上下载的主题，并利用母版功能修改演示文稿的风格（在适当位置放置符合主题的 Logo 或插入背景图片，在时间日期区中插入当前日期，在页脚区中插入幻灯片编号），以更贴切的方式体现主题。

6. 选择适当的幻灯片版式，使用图文表混排内容（包括艺术字、文本框、图片、文字、自选图形、表格和图表等）。要求内容新颖、充实、健康，版面协调美观。

7. 为幻灯片添加切换效果和自定义动画，以播放方便、适用为主，使演示文稿的放映更具吸引力。

8. 合理组织信息内容，有一个明确的主题和清晰的流程。

项目详解

项目要求：根据"舍友"期刊的内容素材，制作一个演示文稿，分宿舍进行交流演示。

操作步骤

【步骤 1】打开 PowerPoint 2016，新建一个文件名为"贺卡（小 C）.pptx"的演示文稿。

【步骤 2】选择版式为"空白"。

提示：利用"开始"→"版式 ▼"→"空白"即可创建一张空白幻灯片。

【步骤 3】插入素材文件夹中的背景图片"背景.jpg"。

> 提示：利用"设计"→"自定义"→"设置背景格式"弹出"设置背景格式"窗格，选择"填充"选项，选中"图片或纹理填充"单选按钮，单击"文件"按钮，在素材文件夹中选择背景图片。

【步骤4】利用"插入"→"文本框"→"竖排文本框"，在右上方插入两个竖排文本框，其中的文字分别为"海上生明月""天涯共此时"，设置字体为"华文行楷、40 磅、黄色"，效果如下图所示。

【步骤5】设置动画效果。

（1）选中竖排文本框1。

（2）在"动画"选项卡中单击"飞入"按钮，如下图所示。

（3）设置持续时间为2秒，如下图所示。

使用同样的方法将竖排文本框2也设置为该动画效果。

【步骤6】利用"插入"→"图片"→"插入来自文件的图片"，将素材文件夹中的"奔月.jpg"插入到幻灯片的左下角，选中该图片，在"图片工具-格式"选项卡中单击"删除背景"按钮，去掉背景。

【**步骤7**】选中该图片，利用"动画"→"其他"→"其他动作路径"，弹出"更改动作路径"对话框，在该对话框中选择"对角线向右上"选项，如下图所示。

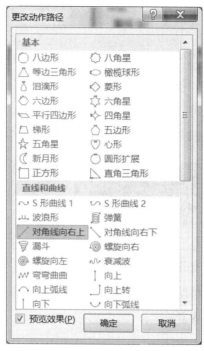

调整路径的起点为图片所在位置，终点为月亮，并设置持续时间为 2 秒。双击路径，在弹出的"对角线向右上"对话框中进行设置，如下图所示。

【**步骤8**】利用"插入"→"文本框"→"横排文本框"，在中下方插入一个横排文本框，

框内文字为"中秋节快乐"，设置字体为"华文行楷、60磅、黄色"。

【步骤9】选中横排文本框，利用"动画"→"其他""更多进入效果"，弹出"更改进入效果"对话框，在该对话框中选择"空翻"选项，持续时间设为2秒。

【步骤10】添加背景音乐。

（1）利用"插入"→" 音频 "→"PC上的音频"，弹出"插入音频"对话框。

（2）选中相应的音乐文件，单击"插入"按钮。

（3）此时，在幻灯片中出现一个小喇叭图标，利用"音频工具"→"播放"，将"开始"设为"自动"，选中"放映时隐藏"复选框，在幻灯片播放时声音图标将被隐藏，如下图所示。

【步骤11】如果播放顺序有问题，在动画窗格中选中背景音乐，单击"重新排序"按钮，对动画重新排序，选择"向前移动"选项，如下图所示，把背景音乐调到最上面，这样即可在幻灯片播放的一开始就播放背景音乐了。

【步骤12】在高级日程表中可以看到各个动画播放的顺序和时间。如果还有问题，则是因为动画是在背景音乐播放完之后才开始的，把其他几个动画的播放时间改为"从上一项开始"，并依次设置延迟时间为2秒、4秒、6秒，如下图所示。

至此，一张幻灯片制作完毕。

邮件合并——基本练习

项目要求

1. 利用 Word 2016 建立"工资单.docx"主文档。

2. 利用 Excel 2016 建立"员工工资信息.xlsx"数据源文件。

3. 通过邮件合并生成"合并完成后的文档.docx"信函文档。

得分点:

要求	1	2	3
评分	2分	4分	4分
总分			

PART 28

录取通知书的制作——
拓展练习

项目要求

根据以下步骤，完成录取通知书的制作。

1. 利用 Word 2016 建立下图所示的"录取通知书.docx"主文档。

_____同学：

　　您已被我校_____（系）_____专

业录取，学制_____年，请于_____到_____持本通知书

到我校报到。

XXX 学院

2019 年 8 月 19 日

2. 利用 Excel 2016 建立下图所示的"学生信息.xlsx"数据源文件。

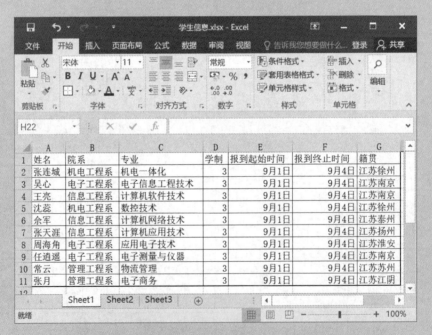

姓名	院系	专业	学制	报到起始时间	报到终止时间	籍贯
张连城	机电工程系	机电一体化	3	9月1日	9月4日	江苏徐州
吴心	电子工程系	电子信息工程技术	3	9月1日	9月4日	江苏南京
王亮	信息工程系	计算机软件技术	3	9月1日	9月4日	江苏南京
沈蕊	机电工程系	数控技术	3	9月1日	9月4日	江苏徐州
佘军	信息工程系	计算机网络技术	3	9月1日	9月4日	江苏泰州
张天涯	信息工程系	计算机应用技术	3	9月1日	9月4日	江苏扬州
周海角	电子工程系	应用电子技术	3	9月1日	9月4日	江苏淮安
任逍遥	电子工程系	电子测量与仪器	3	9月1日	9月4日	江苏南京
常云	管理工程系	物流管理	3	9月1日	9月4日	江苏苏州
张月	管理工程系	电子商务	3	9月1日	9月4日	江苏江阴

3. 通过邮件合并功能生成下图所示的"合并后的录取通知书.docx"信函文档。

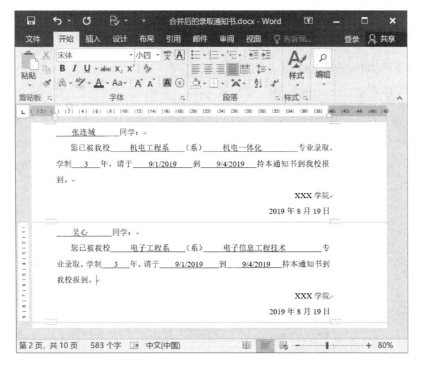

 **项目详解**

项目要求 1：制作录取通知书主文档。

操作步骤

【步骤 1】启动 Word 2016，自动建立一个新的空白文件。

【步骤 2】单击窗口左上角的"▦（保存）"按钮，或者单击"文件"选项卡中的"保存"按钮，在弹出的对话框中设置保存路径为"计算机-本地磁盘（C：）"，文件名和保存类型为"录取通知书.docx"，单击"保存"按钮。

【步骤 3】如下图所示，在"录取通知书.docx"文档中输入文本，并设置文本的字体、字号、对齐方式和间距等，保存并关闭文件。

_____ 同学：

　　您已被我校_____（系）_____专业录取，学制_____年，请于_____到_____持本通知书到我校报到。

XXX 学院

2019 年 8 月 19 日

项目要求 2：制作录取通知书数据源文件。

操作步骤

【步骤 1】启动 Excel 2016，自动建立一个新的空白文件。

【步骤 2】单击窗口左上角的"■（保存）"按钮，或者单击"文件"选项卡中的"保存"按钮，在弹出的对话框中设置保存路径为"计算机-本地磁盘（C：）"，文件名和保存类型为"学生信息.xlsx"，单击"保存"按钮。

【步骤 3】如下图所示，在"学生信息.xlsx"工作簿文件的"Sheet1"中输入数据，保存并关闭文件。

	A	B	C	D	E	F	G
1	姓名	院系	专业	学制	报到起始时间	报到终止时间	籍贯
2	张连城	机电工程系	机电一体化	3	9月1日	9月4日	江苏徐州
3	吴心	电子工程系	电子信息工程技术	3	9月1日	9月4日	江苏南京
4	王亮	信息工程系	计算机软件技术	3	9月1日	9月4日	江苏南京
5	沈蕊	机电工程系	数控技术	3	9月1日	9月4日	江苏徐州
6	余军	信息工程系	计算机网络技术	3	9月1日	9月4日	江苏泰州
7	张天涯	信息工程系	计算机应用技术	3	9月1日	9月4日	江苏扬州
8	周海角	电子工程系	应用电子技术	3	9月1日	9月4日	江苏淮安
9	任逍遥	电子工程系	电子测量与仪器	3	9月1日	9月4日	江苏南京
10	常云	管理工程系	物流管理	3	9月1日	9月4日	江苏苏州
11	张月	管理工程系	电子商务	3	9月1日	9月4日	江苏江阴

项目要求 3：通过邮件合并功能生成录取通知书信函文档。

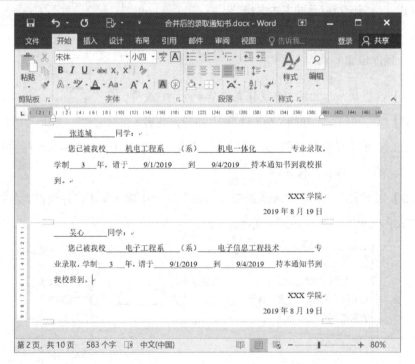

操作步骤

【步骤 1】打开"录取通知书.docx"主文档，将光标定位在姓名横线上，利用"邮件"→

"选择收件人"→"使用现有列表"，找到刚才建立好的"学生信息.xlsx"文件，单击"打开"按钮，选择"Sheet1$"工作表，确认操作。

【**步骤2**】利用"邮件"→"编辑收件人列表"，在弹出的"邮件合并收件人"对话框中选中所有学生，如下图所示。

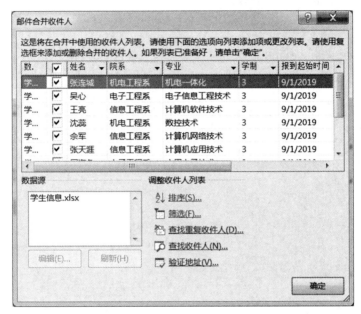

【**步骤3**】利用"邮件"→"插入合并域"选择"姓名"选项。

【**步骤4**】将光标依次定位在各条横线上，使用【步骤3】中的方法依次插入相应内容。

【**步骤5**】调整格式，删除多余横线。

【**步骤6**】利用"邮件"→"预览结果"来查看结果是否正确，如下左图所示。如果没有问题，则利用"邮件"→"完成并合并"→"编辑单个文档"，弹出"合并到新文档"对话框，选中"全部"单选按钮并单击"确定"按钮，如下右图所示。

【**步骤7**】将生成的"信函1"保存到指定位置"计算机–本地磁盘（C:）"，设置文件名和保存类型为"合并后的录取通知书.docx"。

PART 29

29

模板文稿的制作——基本练习

项目要求

1. 制作工作表模板"2020 年豆浆机个人销售业绩统计模板.xltx"。

2. 制作 Word 文档模板"2020 年度豆浆机个人销售业绩汇报单.dotx"。

3. 根据模板完成 6 月份的豆浆机个人销售业绩汇报单和个人销售业绩统计表。生成实例文件"2020 年度 6 月份豆浆机个人销售业绩汇报单.docx"和"2020 年度 6 月份豆浆机个人销售业绩统计表.xlsx"。

得分点：

要求	1	2	3
评分	2分	4分	4分
总分			

PART 30

销售报表的制作——拓展练习

项目要求

根据以下步骤，完成厨房小家电销售组的月报表。

1. 制作下图所示的工作表模板"2020 年电饭煲个人销售业绩统计模板.xltx"。

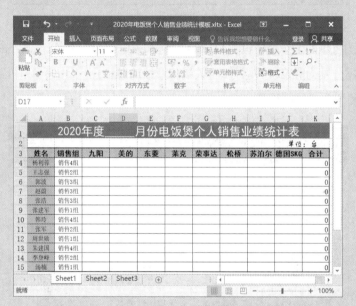

2. 制作下图所示 Word 文档模板"2020 年度电饭煲个人销售业绩汇报单.dotx"。

尊敬的销售部主任：

您好！为了有效地考核部门销售业绩，让员工们在竞争更好地提升自己的能力，创造更好的成绩，现将＿＿＿＿＿＿月份的电饭煲销售部门个人销售业绩汇报如下，请审核。

2020年度＿＿＿＿＿月份电饭煲个人销售业绩统计表										
									单位：台	
姓名	销售组	九阳	美的	东菱	莱克	荣事达	松桥	苏泊尔	德国SKG	合计
杨利蓉	销售4组									0
王志强	销售2组									0
郭波	销售3组									0
赵蔚	销售3组									0
张浩	销售3组									0
张建军	销售1组									0
韩玲	销售4组									0
张军	销售2组									0
周世勋	销售1组									0
朱建国	销售4组									0
李登峰	销售2组									0
汤楠	销售1组									0

汇报人：孙亚平

日期：2020 年 7 月 1 日

3. 根据模板完成 6 月份的电饭煲个人销售业绩汇报单和个人销售业绩统计表。生成实例文件"2020 年度 6 月份电饭煲个人销售业绩汇报单.docx"和"2020 年度 6 月份电饭煲个人销售业绩统计表.xlsx"（如下图所示）。

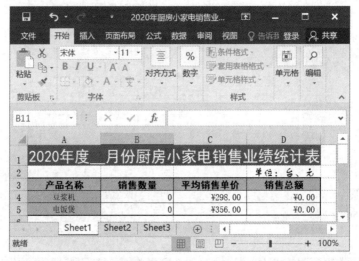

尊敬的销售部主任：

您好！为了有效地考核部门销售业绩，让员工们在竞争更好地提升自己的能力，创造更好的成绩，现将____6____月份的电饭煲销售部门个人销售业绩汇报如下，请审核。

2020年度____6____月份电饭煲个人销售业绩统计表

单位：台

姓名	销售组	九阳	美的	东菱	莱克	荣事达	松桥	苏泊尔	德国SKG	合计
杨利蓉	销售4组	109			68					177
王志强	销售2组		130				115			245
郭波	销售3组					93		150		243
赵蔚	销售3组					87		167		254
张浩	销售3组					56		99		155
张建军	销售1组			104					123	227
薜玲	销售4组	156			78					234
张军	销售2组		117				109			226
周世勋	销售1组			93					101	194
朱建国	销售4组	118			49					167
李登峰	销售2组		126				100			226
汤楠	销售1组			125					101	226

汇报人：孙亚平
日期：2020 年 7 月 1 日

4. 制作下图所示的工作表模板"2020 年厨房小家电销售业绩统计模板.xltx"。其中，"销售数量"列的数据分别为豆浆机、电饭煲个人销售业绩的总和；"平均销售单价"列为固定数据；"销售总额"列利用公式进行计算。

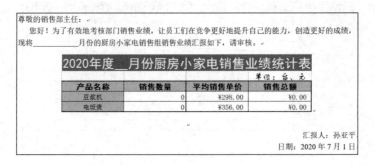

5. 制作下图所示的 Word 文档模板"2020 年度厨房小家电销售业绩汇报单.dotx"。

尊敬的销售部主任：

您好！为了有效地考核部门销售业绩，让员工们在竞争更好地提升自己的能力，创造更好的成绩，现将_____月份的厨房小家电销售组销售业绩汇报如下，请审核。

2020年度____月份厨房小家电销售业绩统计表

单位：台、元

产品名称	销售数量	平均销售单价	销售总额
豆浆机	0	¥298.00	¥0.00
电饭煲	0	¥356.00	¥0.00

汇报人：孙亚平
日期：2020 年 7 月 1 日

6. 根据模板完成 6 月份的厨房小家电销售业绩汇报单和销售业绩统计表。生成实例文件"2020 年度 6 月份厨房小家电销售业绩汇报单.docx"和"2020 年度 6 月份厨房小家电销售业绩统计表.xlsx"（如下图所示）。

尊敬的销售部主任：
　　您好！为了有效地考核部门销售业绩，让员工们在竞争更好地提升自己的能力，创造更好的成绩，现将　6　月份的厨房小家电销售组销售业绩汇报如下，请审核。

2020年度_6_月份厨房小家电销售业绩统计表

单位：台、元

产品名称	销售数量	平均销售单价	销售总额
豆浆机	2977	¥298.00	¥887,146.00
电饭煲	2574	¥356.00	¥916,344.00

汇报人：孙亚平
日期：2020 年 7 月 1 日

 **项目详解**

项目要求 1：制作工作表模板"2020 年电饭煲个人销售业绩统计模板.xltx"。

2020年度___月份电饭煲个人销售业绩统计表

单位：台

姓名	销售组	九阳	美的	东菱	莱克	荣事达	松桥	苏泊尔	德国SKG	合计
杨利蓉	销售4组									0
王志强	销售2组									0
郭波	销售3组									0
赵蕾	销售3组									0
张浩	销售3组									0
张建军	销售1组									0
韩玲	销售4组									0
张军	销售2组									0
周世勋	销售1组									0
朱建国	销售4组									0
李登峰	销售2组									0
汤楠	销售1组									0

操作步骤

【步骤 1】启动 Excel 2016，新建一个空白工作簿文件。

【步骤 2】在 A1 单元格内输入上图所示的内容，选中 A1:K1 区域，利用"合并后居中"按钮将其设为跨列居中，并进行相应的格式设置，字体为黑体，字号为 18，字体颜色为白色，填充绿色底纹。

【步骤 3】按上图输入其他信息，并进行格式、边框设置。其中，在 B4:B15 区域中输入数据时要进行数据有效性检查，方法是选中 B4:B15 区域，利用"数据"→"数据验证"弹出"数据验证"对话框，按下图进行设置。

【**步骤 4**】选中 K4 单元格，利用"开始"→"∑ 自动求和 ▾"，并拖动选中 C4:J4 区域，再单击数据编辑栏左侧的对勾按钮。将鼠标指针移动到 K4 单元格的填充句柄上并拖动至 K15，完成公式复制。

【**步骤 5**】选定 C4:J15 区域，利用"开始"→"格式"→"设置单元格格式"，弹出"设置单元格格式"对话框，选择"保护"选项卡，取消选中"锁定"复选框，单击"确定"按钮。

【**步骤 6**】利用"开始"→"格式"→"保护工作表"，在弹出的"保护工作表"对话框中进行设置，如下图所示。

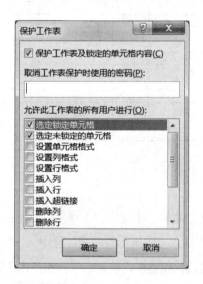

【**步骤 7**】利用"文件"→"另存为"，在弹出的"另存为"对话框中先选择"保存类型"为"Excel 模板（*.xltx）"，再选择保存位置，设置文件名为"2020 年电饭煲个人销售业绩统计模板"，单击"保存"按钮。

项目要求 2：制作 Word 文档模板"2020 年度电饭煲个人销售业绩汇报单.dotx"。

尊敬的销售部主任：

　　您好！为了有效地考核部门销售业绩，让员工们在竞争更好地提升自己的能力，创造更好的成绩，现将＿＿＿＿＿＿月份的电饭煲销售部门个人销售业绩汇报如下，请审核。

2020年度＿＿＿＿＿月份电饭煲个人销售业绩统计表									
								单位：台	
姓名	销售组	九阳	美的	东菱	莱克	荣事达	松桥	苏泊尔	德国SKG	合计
杨利蓉	销售4组									0
王志强	销售2组									0
郭波	销售3组									0
赵蔚	销售3组									0
张洁	销售3组									0
张建军	销售1组									0
韩玲	销售4组									0
张军	销售2组									0
周世勋	销售1组									0
朱建国	销售4组									0
李登峰	销售2组									0
汤楠	销售1组									0

汇报人：孙亚平

日期：2020 年 7 月 1 日

 **操作步骤**

【步骤 1】新建 Word 文档，按以上要求输入文字，中间有表格的地方空一行，日期通过"插入"→"日期和时间"，在弹出的"日期和时间"对话框中选定一种日期格式，并选中"自动更新"复选框的方法进行设置，如下图所示。

【步骤 2】找到刚才保存好的"2020 年电饭煲个人销售业绩统计模板.xltx"文件并单击鼠标右键，在弹出的快捷菜单中选择"打开"选项（注意：千万不要使用双击的方法打开）。选中 A1:K15 区域，执行复制操作。

【步骤 3】回到 Word 文档中，将光标定位在中间预留的空行上，利用"开始"→"粘贴"→"选择性粘贴"，在弹出的"选择性粘贴"对话框中进行设置，如下图所示。

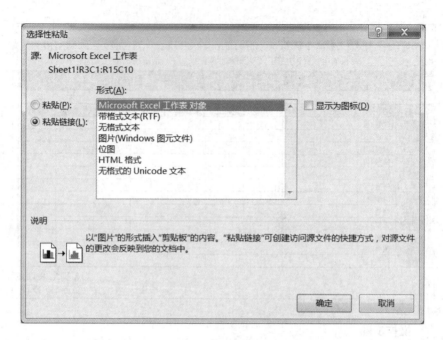

【步骤 4】单击"确定"按钮。选中粘贴过来的表格，将其设为居中。

利用"文件"→"另存为"，在弹出的"另存为"对话框中先选择"保存类型"为"Word 模板（*.dotx）"，再选择保存位置，设置文件名为"2020 年度电饭煲个人销售业绩汇报单"，单击"保存"按钮。

项目要求 3：根据模板完成 6 月份的电饭煲个人销售业绩汇报单和个人销售业绩统计表。生成实例文件"2020 年度 6 月份电饭煲个人销售业绩汇报单.docx"和"2020 年度 6 月份电饭煲个人销售业绩统计表.xlsx"（如下图所示）。

尊敬的销售部主任：

您好！为了有效地考核部门销售业绩，让员工们在竞争更好地提升自己的能力，创造更好的成绩，现将___6___月份的电饭煲销售部门个人销售业绩汇报如下，请审核。

2020年度___6___月份电饭煲个人销售业绩统计表

单位：台

姓名	销售组	九阳	美的	东菱	莱克	荣事达	松桥	苏泊尔	德国SKG	合计
杨利蓉	销售4组	109			68					177
王志强	销售2组		130				115			245
郭波	销售3组					93		150		243
赵蔚	销售3组					87		167		254
张浩	销售3组					56		99		155
张建军	销售1组			104					123	227
韩玲	销售4组	156			78					234
张军	销售2组		117				109			226
周世勋	销售1组			93				101		194
朱建国	销售4组	118			49					167
李登峰	销售2组		126				100			226
汤楠	销售1组			125				101		226

汇报人：孙亚平

日期：2020 年 7 月 1 日

![操作步骤]操作步骤

【步骤1】双击刚才建立的"2020年度电饭煲个人销售业绩汇报单.dotx"文件，弹出提示对话框，如下图所示。

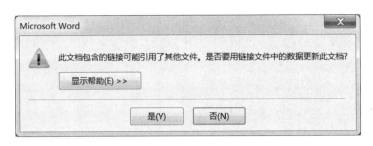

单击"是"按钮，生成一个新文件"文档1"。

【步骤2】双击文档中的表格超链接，系统自动打开"2020年电饭煲个人销售业绩统计模板.xltx"文件，在该表中输入6月份的相应统计数据，利用"文件"→"另存为"，在弹出的"另存为"对话框中先选择"保存类型"为"Excel工作簿（*.xlsx）"，设置文件名为"2020年度6月份电饭煲个人销售业绩统计表"，单击"保存"按钮，关闭Excel。

此时，Word 2016中已经自动更新了6月份的数据，并在月份下画线上输入了"6"，利用"文件"→"另存为"，在弹出的"另存为"对话框中先选择"保存类型"为"Word文档（*.docx）"，设置文件名为"2020年度6月份电饭煲个人销售业绩汇报单"，单击"保存"按钮，弹出对话框，单击"不保存"按钮。

至此，2020年度电饭煲个人销售业绩相应的模板文件及统计表、汇报单已经制作完成。制作2020年度厨房小家电销售业绩相关的模板及其他文件的操作方法和以上相似，这里不再赘述。